Johann Heinrich Gottlob von Justi
ehemaligen Bergraths und Ober-Polizey-Commissarius in Göttingen,

Vollständige Abhandlung von den Manufacturen und Fabriken.

Zweyter Theil,
welcher
alle einzelne Manufacturen und Fabriken nach der Eintheilung ihrer Materialien abhandelt.

Dritte Ausgabe,
mit Verbesserungen und Anmerkungen
von

Johann Beckmann,
Hofrath und Professor der ökonomischen Wissenschaften in Göttingen.

Berlin 1789,
bey Joachim Pauli, Buchhändler.

Johann Heinrich Gottlob von Justi,
ehemaligen Bergraths und Ober-Polizey-Commissarius in Göttingen,

Vollständige Abhandlung von den Manufacturen und Fabriken.

Erster Theil,
welcher
die allgemeinen Grundsätze und Betrachtungen
in sich enthält.

Dritte Ausgabe,
mit Verbesserungen und Anmerkungen
von
Johann Beckmann,
Hofrath und Professor der ökonomischen Wissenschaften in Göttingen.

Berlin 1789,
bey Joachim Pauli, Buchhändler.

Vorbericht.

Ich habe in der Vorrede zu meiner Staatswirthschaft ein Lehrbuch von der Commercienwissenschaft versprochen. Dieses Versprechen ist zeither unerfüllet geblieben und dagegen lege ich hiemit der Welt eine Schrift von einer ähnlichen Art, nämlich ein ziemlich weitläuftiges Buch von den Manufacturen und Fabriken vor Augen. Es wird also nicht undienlich seyn, daß ich die Ursachen anzeige, warum ich die Erfüllung des ersten Versprechens noch etwas aussetze, und indessen die gegenwärtige Schrift zu einiger Ersetzung liefere.

Vorbericht.

Als ich wirklich schon in der Ausarbeitung eines Lehrgebäudes von der Commercienwissenschaft begriffen war; so muß ich frey bekennen, daß ich bey mir selbst eine Unfähigkeit zu diesem Werke gewahr wurde. Ich bin niemals gewohnt gewesen, aus andern Büchern auszuschreiben; und gleichwie ich es alsobald bemerke, ob ein Schriftsteller aus eigner Erfahrung und Nachsinnen schreibt, oder ob er die Begriffe anderer, die er selbst noch nicht genugsam verdauet hat, wenn man so reden kann, zusammen stoppelt; so befürchtete ich, daß vernünftige Leser es auch bey meinen Schriften einsehen würden, wenn ich mit einem andern Kalbe pflügete. Meine Unfähigkeit betraf insonderheit die Schiffarth und das Seecommercium, als von welchen ich nicht so hinreichende Begriffe hatte, um das Wesentliche davon in den Zusammenhang eines richtigen Lehrgebäudes zu bringen; dennoch aber schien mir dieser Theil der Commercienwissenschaft so wichtig, daß ich es für ein sehr eitles Unternehmen hielt, ohne eine genugsame Kenntniß dieses Theils ein Lehrbuch von der Commercienwissenschaft zu schreiben. Da nun ohnedem Se. Königl. Majestät von Dänemark die höchste Gnade hatten, mir die Kosten zu einer Reise nach

nach Kopenhagen reichen zu lassen; so konnte ich mit Grunde hoffen, sowohl in Kopenhagen selbst, als bey meiner Durchreise in Städten, die Schiffarth und Seehandlung treiben, mich in diesem Puncte noch zu unterrichten; und es schien mir daher rathsamer zu seyn, die Ausarbeitung meines Buches von der Commercienwissenschaft noch auszusetzen.

Wenn ich statt dessen eine vollständige Abhandlung von den Manufacturen und Fabriken auszuarbeiten beschloß; so deucht mich, habe ich einen Gegenstand erwählet, der für den allergrößten Theil von Teutschland allemal viel wichtiger seyn wird, als die Commercien selbst. Der allerwenigste Theil von Teutschland hat die natürlichen Vortheile und Gelegenheit zur Seehandlung, und der kleine Theil, der diese Gelegenheit hat, kann sich vielleicht einen langen Zeitraum hindurch noch keine Hofnung machen, zu einer blühenden Schiffarth zu gelangen. Ehe wir auch bis auf diesen Punct kommen können; so müssen blühende Manufacturen und Fabriken den Grund dazu abgeben; indem, wie ich selbst in diesem Buche zeige, eine blühende und dauerhafte Handlung schwerlich möglich ist, wenn sie nicht auf die Ausfuhr genugsamer Landesproducte gegründet wird. Teutschland würde auch sehr glücklich seyn, wenn es nur seine Manufacturen in Aufnahme und seine Fabriken in Flor brächte. In Ansehung der Manufacturen haben wir alles erreicht, was wir zu wünschen Ursache haben, wenn wir es dahin bringen können, daß wir uns selbst mit den nöthigsten Manufacturwaaren versorgen. Die Fabriken aber müssen unser Hauptwerk und die Quelle der auszuführenden Landesproducte seyn; und in der That hat kein Land so viele Naturvortheile dazu, als Teutschland, in Ansehung der Menge seiner Mineralien. Wir haben auch in den meisten Fabrikenarbeiten einen Vorzug vor andern Nationen, den sie selbst gestehen. Es kommt also nur darauf an, daß wir die Fabriken recht blühend machen. Wenn wir diejenigen Waaren, die wir unumgänglich von andern Völkern nöthig haben, mit unsern Fabrikenwaaren balanciren und mithin unser gutes Silber im Lande behalten können; so ist kein Land so reich als Teutschland, weil kein Land so viel Silbergruben hat. Diejenigen, welche Kenntniß von unsern Bergwerken haben, werden mir zugeben, daß 10 bis 12000 Mark Silber das wenigste ist, was man

an=

annehmen kann, das in Teutschland wöchentlich aus der Erde gegraben und zu gut gemacht wird. Eine Nation, die alle Woche anderthalb Tonnen Goldes reicher werden kann, ohne von andern Völkern abzuhängen oder Hindernisse zu besorgen, die muß gewiß sehr reich und glücklich werden können, wenn sie nur will. Mich deucht also, daß die Manufacturen und Fabriken, als wodurch wir unser schönes Silber im Lande behalten können, ein sehr wichtiges Augenmerk für Teutschland sind.

Man scheinet auch an den meisten Orten diese Wahrheit gar wohl einzusehen, indem man das Hauptwerk der Bemühungen auf die Einführung und Beförderung der Manufacturen und Fabriken richtet. Ich glaube daher, daß eine vollständige Abhandlung von diesen Nahrungsgeschäften den Teutschen nicht anders als angenehm seyn kann, zumal da wir hierin noch keine Schriften besitzen, die der Sache ein Gnüge leisten. Diejenigen, die von teutschen Verfassern herrühren, haben diese Sache sehr wenig erschöpfet, und die Schriften der Engländer und Franzosen von dieser Materie haben vornämlich den Zustand ihrer eigenen Länder zum Augenmerk und sind überhaupt sehr mager was die Fabriken anbetrift; wenn sie auch die Manufacturen gut abhandeln. Ich habe also nicht zu befürchten, daß diese Schrift für überflüssig gehalten werden möchte.

Da ich diese Schrift größtentheils auf meiner jetzigen Reise ausgearbeitet habe; so ist sie lediglich aus meinem eigenen Nachsinnen und Gedächtniß geflossen, ohne einmal ein einzig Buch dabey nachzuschlagen. Sie ist also von allen Citationen entblößt, die ich auch ohnedem niemals brauche, wo sie nicht nöthig sind. Ja weil ich nicht einmal meine eignen Schriften bey der Hand gehabt habe; so habe ich weiter nichts als die Titel davon anführen können.

Es war erst die Absicht, daß das ganze Buch zusammen auf einmal erscheinen sollte. Allein es ist mir wider Vermuthen unter der Ausarbeitung stärker angewachsen, als ich vorher bestimmt hatte, indem ich dem einmal erwählten Titel einer vollständigen Abhandlung gern ein Gnüge leisten wollte. Ueberdieß stehen mir auf Befehl Sr. Königl. Majestät von Dänemark einige Reisen bevor. Da nun einmal das Buch in den Michaelis-Meßcatalogum gesetzet worden; so habe ich mich entschliessen müssen, den ersten Theil besonders herauszugeben: der zweyte Theil aber wird ohne weitere Vorrede ungesäumt nachfolgen.

Kopenhagen den 5 Oct. 1757.

Vorbericht
zur neuen Ausgabe.

Auch diesen ersten Theil habe ich nun, auf Verlangen des Hrn. Verlegers, bey diesem neuen oder dritten Abdrucke, zu verbessern und mit nöthigen oder nützlichen Anmerkungen zu vermehren gesucht. Ausgelassen ist nichts, als nur die Zueignungsschrift an den Königl. Dänischen Hrn. Etats-Minister J. H. E. v. Bernstorff, die der Verf. zu Kopenhagen den 4 Oct. 1757 aufgesetzt hat. Sie enthält ausser dem, was Zuschriften der Bücher gemeiniglich enthalten, nur Dank für die dem Verf. verschafte Gelegenheit zu einer Reise nach Dänemark. Die Holländische Uebersetzung dieses Buchs und meiner Anmerkungen zum andern Theile, welche von der Witwe van Schoonhooven zu Utrecht 1783 verlegt ist, habe ich noch nicht gesehn; ich vermuthe nicht, daß sie neue Zusätze enthält. Der Uebersetzer hat sich nur mit den Buchstaben J. V. M. genant.

Göttingen den 27 November 1788.

Joh. Beckmann.

Kurze

Kurze Vorstellung

des Innhalts des ganzen Buches.

Erster Theil.

Erste Abtheilung.

Allgemeine Betrachtungen über die Manufacturen und Fabriken.

Zweyter

Zweyter Theil,

worin

die besondern Arten aller und jeder Manufacturen und Fabriken betrachtet werden.

Zweyte Abtheilung.

Von den Manufacturen.

Erster Abschnitt: von den Wollenmanufacturen.

Erstes Hauptstück: von den Tuchmanufacturen.

Zweytes Hauptstück: von den Zeug- und andern Wollenmanufacturen.

Zweyter Abschnitt: von den Leinenmanufacturen.

Erstes Hauptstück: von Batist, feinen Spitzen- und Zwirnmanufacturen.

Zweytes Hauptstück: von Leinewandmanufacturen.

Drittes Hauptstück: von Leinen- Damast- und andern Leinenwebereyen.

Dritter Abschnitt: von Baumwollenmanufacturen.

Erstes Hauptstück: von Cattunmanufacturen.

Zweytes Hauptstück: von andern weissen und gefärbten Baumwollenmanufacturen.

Vierter Abschnitt: von Seidenmanufacturen.

Erstes Hauptstück: von Sammetmanufacturen.

Zweytes Hauptstück: von geblümten Seidenzeugmanufacturen.

Drittes Hauptstück: von glatten seidenen Zeugen.

Viertes Hauptstück: von halbseidenen Zeugen.

Dritte Abtheilung.

Von den Fabriken.

Zweytes

Erste

Erste Abtheilung.

Allgemeine Betrachtungen über die Manufacturen und Fabriken.

Erster Abschnitt.

Von der Nothwendigkeit und dem Nutzen der Manufacturen und Fabriken.

Alle Dinge, die durch den Fleiß und die Geschicklichkeit der Menschen mehr bearbeitet werden, nachdem sie von der gütigen Hand der Natur hervorgebracht sind, und zwar in der Absicht, der wahren oder eingebildeten menschlichen Nothdurft desto besser zu statten zu kommen, sind in weitläuftigem Verstande Manufactur- und Fabrikenarbeiten. Kurz, alle Werke der Kunst sind im allgemeinen Verstande darunter begriffen: und zwar hat das Wort Kunst hier einen so weitschichtigen Begriff, daß man die Bemühung des ärmsten unter den Landleuten, der Reiser zusammen bindet, um einen Besen daraus zu machen, mit dieser Benennung beehren muß. In diesem Verstande gehören demnach alle Handwerke, ja alle Handarbeiten,

Begriff von den Manufacturen und Fabriken in weitläuftigem und engem Verstande.

wodurch die von der Natur hervorgebrachten Dinge eine andere Gestalt und Gebrauch bekommen, zu den Manufacturen und Fabriken. Allein in engern Verstande beleget man nur diejenigen Bearbeitungen der natürlichen Dinge mit diesen Namen, die erst in neuern Zeiten bey einer Nation eingeführet worden, oder die erst bey derselben in Gang gebracht werden sollen. Wenn die Bearbeitung der natürlichen Dinge auf so vielerley Arten geschehen kann, die eine fast unendliche Verschiedenheit ausmachen können; so siehet man leicht, daß ein arbeitsames und nachdenkendes Volk täusenderley Erfindungen in dergleichen Bearbeitungen der Dinge machen kann, die andre Völker nicht haben. So bald sich andre Völker einbilden werden, daß diese neuen Erfindungen die Bequemlichkeiten des Lebens mehr befördern, es mag diese Einbildung einigen Grund haben, oder nicht; so werden die reichen und vermögenden Personen unter diesen Völkern ihre natürlichen Güter, oder ihr Geld, anwenden, um sich diese wahren oder eingebildeten grössern Bequemlichkeiten des Lebens zu verschaffen. Dieser Erfolg ist so natürlich und unfehlbar, daß er nur durch Aufhebung des Umgangs zwischen zwey Völkern und durch andre gewaltsame Mittel gehemmet werden kann: und man muß deswegen die Furcht, die man hin und wieder bemerket, und davon wir unten mehr reden werden, daß ein in den Manufacturen und Fabriken später

anfan-

anfangendes Volk, es schwer, oder gar nicht dahin bringen könne, diesen seinen Arbeiten auswärtigen Absatz zu verschaffen, größtentheils für ungegründet halten. Viele Europäische Nationen befinden sich in eben der Beschaffenheit, worin wir die meisten Völker in den übrigen drey Welttheilen sehen, nämlich, daß sie aus Mangel der Arbeitsamkeit und des Genie, viele künstliche Waaren, die zu wahrer oder eingebildeter grösserer Bequemlichkeit des Lebens dienen, nicht zu verfertigen wissen, und deswegen, weil sie doch solche Waaren lieben, ihre natürlichen Güter oder ihr Geld dafür hingeben. Wenn nun ein solches Volk endlich aus seiner Schlafsucht aufwacht, sich zur Geschicklichkeit ermuntert und dergleichen Waren selbst verfertiget, so pfleget es diese neuen Arbeiten mit dem Namen der Manufacturen und Fabriken zu belegen. Besonders findet dieses bey denenjenigen Völkern statt, welche bey ihren alten und gewöhnlichen Bearbeitungen der natürlichen Dinge die Einrichtung der Innungen und Zünfte eingeführet haben. Alle alte Bearbeitungsarten werden alsdann Handwerke genennet, die neuen erst einzuführenden Bearbeitungen aber werden mit dem Namen der Manufacturen und Fabriken beleget ([1]).

Manu-

([1]) Den Unterschied zwischen **Künsten, Handwerken, Fabriken und Manufacturen** habe ich in **Anleitung zur Technologie**, nach der dritten Aus-

Unterschied unter Manufacturen und Fabriken.

Manufacturen und Fabriken werden gemeiniglich für gleich bedeutende Wörter gehalten und gleichgültig gebraucht. Ihre Bedeutung aber ist in der That von einander unterschieden. Unter Manufacturen verstehet man eigentlich diejenigen Bearbeitungen, die bloß mit der Hand ohne Feuer und Hammer geschehen. Fabriken aber heissen diejenigen Arbeiten, zu welchen Feuer und Hammer, oder ähnliche Werkzeuge angewendet werden. Dieser Unterschied, der auf die ursprüngliche Bedeutung der Worte gegründet ist, wird in gemeinen Reden selten beobachtet. Man sagt eine Tuch- Camelot-Cammer-

Ausgabe S. 3. und 10. genauer zu bestimmen gesucht, woher ich aber nichts wiederholen mag. Zum Begriffe der Fabriken und Manufacturen gehört jedoch ein Umstand, den der Verf. nicht berührt hat; nämlich jedes Handwerk kan diesen Namen erhalten, so bald es dergestalt im Grossen getrieben wird, daß viele Personen für Rechnung eines Verlegers, einerley Arbeit zugleich treiben und sich einander, wie man es nennet, in die Hand arbeiten. Von einem einzelnen Tuchmacher sagt man nicht, daß er eine Manufactur habe, gesetzt daß er auch der erste Tuchmacher im ganzen Lande sey. Aber wenn für Rechnung eines Verlegers viele Spinner, Weber, Rauher, Scherer u. s. w. zugleich beständig fortarbeiten, so machen diese eine Manufactur aus. Die ältesten Handwerke sind ehemals in Innungen und Zünfte gebracht, bey den meisten neuerfundenen hat man diesen Zwang nicht anbringen mögen; aber jede Kunst, welche sich mit Verarbeitung eines Naturals beschäftigt, erhält den allgemeinen Namen **Handwerk**, sie mag für eigene oder fremde Rechnung, von einzelnen Arbeitern oder von mehrern, zunftmässig oder als freye Kunst getrieben werden.

mertuchfabrike, welches doch bloß den Namen einer Manufactur erhalten sollte.

Ich habe mir vorgenommen die Nothwendigkeit und den Nutzen der Manufacturen zu erweisen; und dies wird nicht schwer fallen. Es ist wahr, die wahre Nothdurft der Natur schliesset sich in sehr enge Gränzen ein. Kräuter, Wurzeln, Baumfrüchte, welche die Natur ohne alles Zuthun der Menschen hervorbringet, Felle, zu Bedeckung ihrer Blöße, würden vielleicht im strengsten Verstande zu ihrer Nothdurft zureichend seyn; und in der That, wenn ein Volk ohne alle Ordnung unter sich und von aller Gemeinschaft mit andern Völkern abgesondert lebte; so würde ein solches Volk bey diesen engen Schranken der Nothdurft dem ohngeachtet glücklich seyn können: in so fern die Glückseligkeit auf die Erfüllung unserer Wünsche ankömmt. Dieses Volk würde keine andere Wünsche kennen. Allein zu geschweigen, daß der äusserste Grad der Wildheit und Barbarey schwerlich mit dem Namen der Glückseligkeit beleget werden kann; so werden auch diese engen Schranken der Nothdurft alsobald aufhören, so bald dieses Volk einige Ordnung unter sich errichtet und mit andern Völkern Gemeinschaft hat. Wenn es eine oberste Gewalt und mithin verschiedene Ordnungen der Bürger hat, so werden diejenigen, die sich mit dem Vorzuge vor andern Bür-

Die Nothdurft in strengem Verstande ist bey den Völkern nicht zureichend.

gern bekleidet sehen, sinnreich seyn, sich durch verschiedene Wege mehrere Bequemlichkeiten des Lebens zu verschaffen. Sind sie nicht selbst sinnreich; so werden andere ihren Erfindungsgeist anstrengen, um sich in Ansehung der in Händen habenden Gewalt ihre Gewogenheit zu erwerben. Wenn aber ein Volk Gemeinschaft mit andern Völkern hat: so werden nicht allein die entstehenden Streitigkeiten und Kriege ein solches Volk zu tausenderley Erfindungen nöthigen; sondern alle Bequemlichkeiten des Lebens, die es bey andern Völkern wahrnimmt, werden seine Wünsche und Begierden rege machen, sich dergleichen ebenfalls zu verschaffen. Es wird zuerst seine Erfindungskraft oder Nachahmungskunst aufmuntern, diese Bequemlichkeit durch seine eigene Arbeit zu erhalten. Allein wenn ihm dieses nicht gelinget; so werden die reichen und vermögenden unter diesem Volke für diese Bequemlichkeit so viel von ihren natürlichen Gütern hingeben, als sie entbehren können, und als das andre Volk dafür verlanget. Indem sie hierin von dem Willen und der Forderung der andern Nation abhängen; so werden sie folglich viel mehr natürliche Güter hingeben müssen, als sie von der zur Bequemlichkeit dienlichen Waare wieder erlangen. Die andre Nation wird ihre Erfindung und ihre künstliche Bearbeitung so hoch anrechnen, als es nur immer möglich ist; und dieser nachtheilige Tausch wird so lange fortgesetzt werden, bis endlich

lich dieses Volk solche, zur Bequemlichkeit erforderliche, Waare selbst machen lernet. Denn wenn die oberste Gewalt diesen nachtheiligen Handel verbieten wollte; so würde dieselbe ihre Unterthanen einer Bequemlichkeit des Lebens und folglich einer Glückseligkeit berauben, die man einmal hat kennen lernen, und nach welcher das Verlangen, ohngeachtet des Verbotes, immer fortdauren wird.

Man siehet leicht, daß es hier gar nicht darauf ankommt, ob eine durch die Kunst hervorgebrachte Waare wirklich zur Nothdurft des Lebens erfordert wird, oder nicht. Es ist genug, wenn sie die Gewohnheit und Lebensart einmal eingeführet hat und die Bequemlichkeiten des Lebens dadurch vermehret werden. Ja es ist hier nicht einmal die Frage, ob eine wahre Bequemlichkeit des Lebens dadurch erreichet wird, oder ob bloß eine eingebildete Bequemlichkeit oder vielmehr eine Annehmlichkeit des Lebens darauf beruhet. Auch die bloß zur Ueppigkeit und Verschwendung dienlichen Waaren werden in gewissem Betracht allemal nothwendig, so bald wir diese Ueppigkeit und Verschwendung durch den Umgang mit andern Völkern haben kennen lernen. Wenn die oberste Gewalt eine solche Waare der Ueppigkeit und Verschwendung verbietet; so entziehet sie ihren Unterthanen ein Mittel zu ihrer Glückseligkeit; indem bey der Glückseligkeit fast alles auf die Einbil-

Alle durch die Gewohnheit und Lebensart eingeführten Waaren sind nothwendig.

dung und die Befriedigung unserer Wünsche ankommt. Diejenigen, welche sich den Ueberfluß verschaffen können, werden allemal mißvergnügt seyn, daß sie eine Sache entbehren müssen, die sie unter die Annehmlichkeiten und Vorzüge des Lebens rechnen. Alle Thätigkeit und Fleiß der Menschen gründet sich auf den Trieb, sich vor andern hervorzuthun. Die Bemühung, Reichthümer zu erwerben, die edelsten Handlungen der Menschen und alle Tugenden haben keine andere Quelle. Die Regierung würde entweder diesen Trieb unter ihren Unterthanen ersticken, wenn diejenigen, die sich ein grosses Vermögen erworben häten, ihren Vorzug an Reichthümern durch Ueppigkeit und Verschwendung nicht sehen lassen könnten, oder sie würde verursachen, daß die vermögendsten von ihren Unterthanen sich in andre Staaten begeben würden, wo es ihnen erlaubt ist, allen beliebigen Gebrauch von ihren Reichthümrn zu machen.

Sie sind keine Nothdurft des Lebens, aber eine Nothdurft des Staats.

Hieraus folget, daß alle künstliche Waaren, welche die Gewohnheit und die Lebensart einmal zur wahren oder eingebildeten Bequemlichkeit des Lebens eingeführet hat, eine wirkliche Nothdurft des Staats sind, ob sie gleich an sich selbst für nichts weniger, als für eine wahre Nothdurft des Lebens gehalten werden können. Dieses ist so wahr, daß auch so gar die sinnlichen Ergetzlichkeiten unter die Nothdurft des

Staats

Staats gehören. Ein Land, das keine Schauspiele hat, leidet an einer wirklichen Nothdurft des Staats Mangel. Die vermögenden Unterthanen werden entweder in die benachbarten Staaten reisen, ihr Geld daselbst verzehren und mithin den Reichthum des Landes vermindern, um sich diese Ergetzlichkeit zu verschaffen, oder sie werden gar ihren beständigen Aufenthalt in solchen Ländern erwählen, wo sie diese Annehmlichkeit des Lebens beständig geniessen können (2).

Man

(2) Die Erinnerung, daß Waaren, welche nicht zur Nothdurft des Lebens zu rechnen sind, dennoch zur Nothdurft des Staats gehören, ist wahr und wichtig. Moralisten, welche diesen Unterschied nicht kennen, irren oft gröblich in Beurtheilung der Gewerbe. In St. sagte einst ein Prediger auf der Kanzel, als er der Gemeinde das Absterben eines Kartenmachers anzeigen solte: der hätte auch billig was nützlicheres lernen sollen. Aber der Mann war ein geschickter, redlicher Arbeiter gewesen, war auf öffentliche Kosten ins Reich gerufen worden, beschäftigte 6 oder 8 kleine Familien, und verminderte die Ausfuhr des Geldes. Die Volkmenge ist zum Wohl der Staaten nöthig, aber nur wenn die Leute darin ihren Unterhalt selbst verdienen können. Da nun in vielen Staaten die schon vorhandenen Gewerbe so stark besetzt sind, daß sie nicht mehrere Arbeiter ernähren können, so ist es kein geringes Verdienst, neue Gewerbe zu veranlassen. Es scheint sonderbar, aber es ist wahr, daß ein Staat desto mehr Menschen ernähren kan, je mehrere er hat. Denn z. B. jener Kartenmacher vermehrte dem Schuster, Schneider u. a. den Absatz. Je grösser die Mannigfaltigkeit der Waaren im Staate ist, desto mannigfaltiger sind die Bedürfnissen der Einwohner, und desto mehr Menschen können von der

Be-

Alle künstliche Waaren müssen demnach im Lande selbst verfertiget werden.

Man darf nur weiter schliessen; so wird man auf den Grundsatz geleitet, daß es eine Nothwendigkeit für den Staat ist, es in die Wege zu richten, daß alle künstliche Waaren, sie mögen zur Nothdurft, oder zur Bequemlichkeit, oder nur zur Annehmlichkeit des Lebens dienen, so viel es nur immer möglich ist, im Lande selbst verfertiget werden; weil sie eines Theils alle zum bequemlichen und annehmlichen Leben der Unterthanen und mithin zur Nothdurft des Staats gehören, und weil andern Theils die Einführung solcher Waaren aus fremden Ländern unumgänglich nach sich ziehet, daß entweder eine grössere Menge von natürlichen Gütern des Landes oder von baarem Gelde dafür ausgeführet werden müssen.

Das Verbot der Einfuhre gehöret

Man siehet auch leicht, daß das Verbot der Einfuhre von solchen Waaren, die in strengem Verstande

Befriedigung derselben Verdienst haben. Die Lapländerinn macht sich in ihrem gewerblosen Lande, alles selbst, was sie braucht; aber wie viele Künstler und Handwerker sind zum Negligé einer modigen Dame nöthig! — Denen, welche eine weitere Ausführung dessen, was in diesem Buche gelehrt wird, zu lesen wünschen, empfehle ich des scharfsinnigen Italieners **Genovesi** ökonomisch-politischen Commentarius zu Cary's Bemerkungen über Großbritanniens Handel, von dessen Uebersetzung Hr. M. Wichmann neulich den ersten Theil herausgegeben hat. Ich habe solchen in **Physikalisch-ökonom. Bibliothek** XV S. 364 angezeigt. Auch gehören hieher **Genovesi** Grundsätze der bürgerlichen Oekonomie. Leipz. 1772, 2 Theile in 8.

de entbehrlich sind, nicht zu den ordentlichen Regeln gehöret; es sey denn, daß die nämlichen oder die ähnlichen Waaren, die in allen Absichten jener Stelle vollkommen ersetzen können, im Lande selbst gewonnen werden. Wenn das Verbot der Einfuhre auf eine andre Art gebrauchet wird; so ist solches eine Ausnahme von der Regel, die nach guten Grundsätzen nur unter einer besondern Beschaffenheit des Landes statt finden kann. Weil aber nicht alle Waaren mit Vortheil im Lande verfertiget werden können; so muß man hingegen die Gewinnung und Ausfuhre solcher Waaren, dazu die natürliche Beschaffenheit des Landes die Hand bietet, zu vermehren suchen. Nachdem man Gold und Silber als das allgemeine Vergütungsmittel aller Güter angenommen hat; so müssen die Commercien des Landes eine solche Beschaffenheit haben, daß dadurch mehr Geld in das Land ein- als ausgehet, oder daß wenigstens der Ein- und Ausgang des Geldes in gleichem Verhältniß stehet. Dieses heisset die Bilanz des Handels, und ist der grosse und einzige Grundsatz aller Commercien. Man muß aber zu Gewinnung dieses Gleichgewichtes sein hauptsächlichstes Augenmerk mehr auf die Vergrösserung der Ausfuhre, als auf Einschränkung der Einfuhre setzen. Die Verminderung der Einfuhre ist allemal eine Ausnahme von der Regel, die nur in dem Falle anzuwenden ist, wenn die Vergrösserung der Ausfuhre nicht zu bewirken stehet.

nicht zur Regel, sondern zur Ausnahme.

Denn

Die Vergrösserung der Ausfuhre ist vortheilhaftiger, als die Einfuhre gewisser Waaren zu verbieten.

Denn es ist offenbar, daß die Vergrösserung der Ausfuhre dem Staate ungleich vortheilhaftiger ist, weil sie eine grössere Beschäfftigung der Menschen, eine grössere Bevölkerung und mehr natürliche Güter voraussetzet, oder bey ihrer Bewirkung nach sich ziehet. Das Verbot der Einfuhre aber gewisser Waaren, wozu man heutiges Tages in den meisten Staaten sehr eilfertig greifet, ist eine weit stärkere Ausnahme von der Regel, welche eine grosse Ueberlegung und Behutsamkeit erfordert, und ohne äusserste Noth nicht erwählet werden sollte. Es ist ein gewaltsames Mittel, welches die Freyheit der Commercien einschränket, der natürlichen Freyheit der Unterthanen Gewalt anthut, indem es den freyen Gebrauch ihres Vermögens und der Annehmlichkeiten des Lebens hindert, und welches in auswärtigen Staaten die Repressalien nach sich ziehet, daß die Einfuhre unserer Landesproducte gleichfalls verboten wird, wodurch immer neue Schwierigkeiten in dem Kaufhandel entstehen.

Betrachtung über die verbotenen fremden Waaren in Schweden.

Man hat vor kurzem in Schweden die Einfuhre fast aller Waaren verboten, die im strengen Verstande entbehrlich sind, oder die zum Wohlleben und zur Ueppigkeit dienen. Wenn sich dieses Verbot auf eine genaue Ausrechnung von der Ein- und Ausfuhre aller Waaren, oder der allgemeinen Handlungsbilanz, gründet, wie es von dieser den öconomischen

Wis-

Wissenschaften eifrig ergebenen Nation wohl zu vermuthen ist, und wenn sie gar keine Mittel und Wege vor sich gesehen haben, die Ausfuhre ihrer Landesproducte zu vergrössern; so sind diese Maaßregeln allerdings zu billigen. Es hat mit der Wirthschaft des Staats eben die Beschaffenheit, als mit der Haushaltung einer Privatperson. Der Ein- und Ausgang des Geldes im Staate, ist eben dasjenige, was die Einnahme und Ausgabe eines Privatmannes ist. Gleichwie nun ein jeder Haushalter natürlicher Weise ohnfehlbar zu Grunde gehen muß, dessen Ausgaben beständig ungleich grösser sind als die Einnahme; so muß auch ein Staat endlich in die äusserste Armuth versetzt werden, aus welchem jährlich eine viel grössere Summe Geldes ausgehet, als einfließet; und wenn der Privatmann seine Einnahme, der Staat aber den Einfluß des Geldes auf keine Art vergrössern kann; so ist kein anderes Mittel, den gänzlichen Untergang abzuwenden, als die Einschränkung des Aufwandes. Allein man muß zugleich gestehen, daß dieses eine sehr traurige Nothwendigkeit für einen Staat ist, die den vermögenden Unterthanen sehr empfindlich fällt und den Aufenthalt im Lande unangenehm macht, einem grossen Theil der Kaufleute vielen Nachtheil verursachet, und wenigstens anfangs in die Circulation des Geldes und in die gesammten Commercien des Landes einen schädlichen Einfluß haben kann, der

ohne

ohne sehr weise Maaßregeln eine lange Zeit seine Wirkung zeigen wird. Wenn man alle diese Folgen und Schwierigkeiten erwäget; so muß man fast zweifeln, ob es so viel Mühe, Fleiß und Schwierigkeiten verursachen würde, die Gewinnung und Ausfuhre der Landesproducte zu vergrössern (³).

Ein Staat kann ohne Commercien, aber nicht ohne Manufacturen stark u. blühend seyn.

So vortheilhaftig die auswärtigen Commercien für einen Staat sind, so sind sie doch nicht schlechterdings nothwendig. Ein Reich kann sehr mächtig, reich und blühend seyn, ohne einige Commercien

(³) Wenn ein Staat würklich an der allgemeinen Handlungsbilanz beständig verliehrt, und diesen Verlust auf keine andere Weise verhüten kann, so ist er freylich in der traurigen Nothwendigkeit, die Einfuhr der entbehrlichern Waaren zu verbiethen. Aber der Erweis, daß für eine Waare Geld aus dem Lande geht, ist für sich allein kein rechtmässiger oder hinlänglicher Grund, die Einfuhr derselben zu untersagen. Denn ausser dem, was schon der Verf. gesagt hat, ist noch zu bedenken, daß wir nicht deswegen in den Staat getreten sind, um in einem gewissen Bezirk Geld anzuhäufen, sondern um so glücklich, bequem und vergnügt, als möglich zu leben, und jeder arbeitet, um seinen Verdienst nicht blos nach seiner Nothdurft, sondern nach seiner Willkühr verwenden zu können. Wird diese Freyheit gehemmet, so wird ein mächtiger Antrieb zur Indüstrie zerstöhrt. Also sollte kein Regent dergleichen Verbothe ehr wagen, als bis er vorher alle ersinnliche andere Mittel, die beständige Verarmung des Landes zu verhüten, vergebens versucht hätte. Ich glaube mit Hrn. v. J. daß die meisten Staaten leicht so viel durch Vermehrung der Ausfuhr gewinnen können, als sie durch Verbothe der Einfuhr zu erspahren vermögen, die, wie die Erfahrung lehrt, gemeiniglich wenig leisten, und andere nachtheilige Folgen haben.

cien mit auswärtigen Völkern zu haben; allein niemals kann ein Staat diese Eigenschaften haben, wenn seine Manufacturen und Fabriken nicht blühend sind. Wenn ein Land volkreich ist, wenn es in einer so glücklichen Himmelsgegend liegt, daß die zur Nothdurft und Bequemlichkeit des menschlichen Lebens erforderlichen Dinge in demselben erzeuget werden können; so sind blühende Manufacturen und Fabriken, der innerliche Verbrauch der Waaren und der Handel aus einer Provinz in die andere zureichend, den Unterthanen genugsame Beschäfftigung und Nahrung und dem Staate alle Thätigkeit und Stärke zu geben, deren er fähig ist. Dieses ist kein Satz, der blos in der Theorie wahrscheinlich ist. Japan ist ein solches Reich, das ohne auswärtige Commercien voller Einwohner wimmelt, die alle Nothdurft, Bequemlichkeit und Annehmlichkeit des Lebens geniessen. Denn der sehr eingeschränkte Handel, den die Holländer daselbst zu führen Erlaubniß haben, ist in Betracht der Grösse dieses Reiches von so weniger Erheblichkeit, daß er kaum eine Erwähnung verdient. Sina und Indien würden gleichfalls ohne alle auswärtige Commercien blühende Reiche seyn können, wenn sie es nicht für vortheilhaftiger erachteten, uns Europäern die Ausfuhre ihrer überflüssigen Waaren zu gestatten, und unser gutes Silber dafür anzunehmen.

Ein Land, ohne Manufacturen und Fabriken kann wenig bevölkert seyn.

Es läßt sich leicht erweisen, daß ein Land, welches keine Manufacturen und Fabriken hat, kaum halb so stark bevölkert seyn kann, als ein anderer Staat, der mit diesen Gewerben auf eine blühende Art versehen ist. Ein Land, das nur Ackerbau und Viehzucht hat, erfordert eine sehr mässige Anzahl Hände, um die Oberfläche der Erden zu diesen Endzwecken zu bearbeiten. Man mag sich die Eintheilung des Eigenthums in einem solchen Lande vorstellen, wie man immer will; so können höchstens nur eben so viel Eigenthümer der Ländereyen, Befehlshaber über diese arbeitsamen Hände, Soldaten zu ihrer Vertheidigung und andere Bediente der obersten Gewalt vorhanden seyn, als Leute zum Ackerbau und der Viehzucht darinn befindlich sind. Alles, was man annehmen kann, ist, daß noch eben so viel Handwerker als ein dritter Theil der Einwohner statt finden können, welche die unumgänglichen Nothwendigkeiten des Lebens für die vorhergehenden zwey Drittel Einwohner verfertigen. Da man nun die Hände berechnen kann, die zu Bearbeitung einer gewissen Oberfläche der Erden erfordert werden; so werden die Einwohner eines solchen Landes allemal sehr mässig seyn. Es wird einem solchen Lande nichts helfen, wenn sich seine Einwohner fruchtbar bezeigen. Da die übrige Anzahl der Menschen keine Beschäfftigung und Unterhalt finden können; so werden sie genöthiget werden, aus ihrem

Vater=

Vaterlande auszugehen und anderwärts ihre Nahrung zu suchen.

Die Fruchtbarkeit des Bodens hilft ohne Manufacturen zur Bevölkerung nichts.

Man siehet auch leicht, daß es zu Vermehrung der Einwohner wenig beyträgt, der Boden des Landes mag fruchtbar seyn, oder nicht. Ist der Boden des Landes fruchtbar und das Land hat Ausfuhre seines Getreides und seiner übrigen Früchte; so folget daraus weiter nichts, als daß die Eigenthümer der Ländereyen etwas mehr Vortheil davon haben; und wahrscheinlicher Weise wird dieses die Wirkung haben, daß die wohlhabenden Eigenthümer der Ländereyen einige unnütze Bediente bloß zum Staate zur oder Pracht mehr unterhalten. Diese Vermehrung der Einwohner aber wird allemal nur sehr wenig betragen. Hat aber das Land keine Ausfuhre des Getraides und andrer Landwirthschaftsproducte; so ist der fruchtbareste Boden von gar keinen Nutzen. Die Eigenthümer der Ländereyen wollen natürlicher Weise keine unnütze Arbeit unternehmen lassen. Sie richten sich also mit dem Anbau des Landes nach dem, aus der Erfahrung befundenen, Absatz ihrer Producte ein: und sie lassen nichts mehr anbauen, als sie selbst verbrauchen und wahrscheinlich verkaufen werden. Die übrigen Ländereyen bleiben gänzlich unbebauet liegen. Statt dessen also, daß ein fruchtbarer Boden die Anzahl der Einwohner vermehren sollte; so vermindert er sie in diesem

Fälle vielmehr. Dieses, was aus der Natur der Sache folget, ist auch durch die Erfahrung genugsam bestätiget worden. Man siehet in Ungarn den fruchtbarsten Boden unbebauet liegen; und dieses gesegnete Land hat sehr wenig Einwohner, weil es demselben an auswärtigem Absatz seiner Producte fehlet (*).

Dieses wird durch die Erfahrung bestätiget.

Man darf nur diejenigen Länder, die keine Manufacturen und Fabriken haben, aufmerksam betrachten; so wird man von der Wahrheit aller dieser Sätze genugsam überzeuget werden. Die Anzahl ihrer Einwohner wird allemal sehr mässig seyn: und wenn man die Grösse derselben, die Beschaffenheit des Bodens, die Art und Weise, die Landwirthschaft zu treiben, kennet, und daraus die Anzahl Menschen berechnet, die zu Cultivirung des Bodens erfordert werden; so darf man nur diese Summe noch zweymal nehmen; so wird man die Anzahl aller Einwohner haben, die bey einer wirklichen Zählung bis auf wenige tausend zutreffen wird, wie ich bereits bey verschiedenen Staaten den Ueberschlag gemacht und hernach ziemlich richtig befunden habe. Ein solches Land wird wenig oder gar keine Städte haben, die diesen Namen in der That verdienen. Seine Land-

(*) S. Patriotisch-gemeynter Vorschlag, wie dem Ausfuhrhandel aus den Hungarischen und Teutschen Provinzen des Hauses Oesterreich aufgeholfen werden könte, von J. W. Wien (Leipz.) 1781. 8. S. Physik. ökon. Bibliothek XII S. 72.

Landstädte werden mit Mauren umgebene Dörfer seyn, worinn man Landwirthschaft treibt und worinn die unentbehrlichen Handwerker wohnen. Die Hauptstadt des Landes wird die einzige blühende Stadt im Staate seyn, als woselbst der Aufenthalt des Hofes und der Vornehmen und der Zusammenfluß des Geldes aus dem Lande nothwendig mehrere Gewerbe nach sich ziehen müssen.

Grosse Bevölkerung der Länder, die blühende Manufacturen u. Fabriken haben.

Eine ganz andre Beschaffenheit aber wird es mit einem Lande haben, welches blühende Manufacturen und Fabriken hat. Ein solches Land wird voller blühenden Städte seyn, und wenn es keine andere Manufacturen und Fabriken hat, als nur der innerliche Verbrauch erfordert; so wird es noch einmal so viel Einwohner haben, als das vorhergedachte Land; wenn aber seine Manufacturwaaren starken auswärtigen Vertrieb finden; so kann es gar leicht noch zweymal so viel Einwohner in sich schliessen. Die grosse Vermehrung der Einwohner durch die Manufacturen und Fabriken ist leicht einzusehen. Ausser der grossen Menge Menschen, die dadurch Nahrung und Unterhalt finden: so bedürfen diese Arbeiter wiederum tausend andere Nothwendigkeiten des Lebens, welches natürlicher Weise eine Vermehrung aller Handwerker und Gewerbe nach sich ziehet; und da diese Handwerker den Verbrauch der Manufacturen und aller anderer Nothwendigkeit vermehren; so gehet die Vermehrung der Einwohner beständig fort. Selbst die Landwirthschaft kömmt dadurch in mehrere Aufnahme und das platte Land kann deswegen mehr Einwohner haben. Der gewisse Absatz der Landwirthschaftsproducte ermuntert die Landleute, den Boden des Landes immer mehr zu cultiviren. Die Städte des Landes werden alsdann dasjenige, was sie ihrem Endzwecke nach seyn sollen, nämlich der Zusammenhang aller Gewerbe in dem Staate und die grossen Pulsadern, wodurch das Geld, als das Blut des Staats circuliret und dem ganzen Staatskörper Leben und Thätigkeit giebt. Die Landleute versorgen die Einwohner der Städte mit allen Arten von natürlichen Gütern und holen alle künstlichen Waaren zu ihrer Nothdurft und Bequemlichkeit in den Städten; und beyde befinden sich wohl dabey.

Dieser bevölkerte Zustand wird durch die Erfahrung erwiesen.

Auch dieses ist durch die Erfahrung allenthalben bestätiget worden. Wenn man die Listen der Gestorbenen und Gebohrnen, oder die Anzahl der Einwohner selbst, wie sie von einigen Staaten bekannt sind, betrachtet; so wird man allemal finden, daß in einem Lande, wo nur mittelmässige Manufacturen und Fabriken zum eigenen innerlichen Gebrauch statt finden, die Städte, wo nicht mehr, doch eben so viel Einwohner in sich halten, als das platte Land. Wenn aber die Manufacturen und

Fabri=

Fabriken durch auswärtigen Vertrieb sehr blühend sind; so werden sich die Einwohner der Städte gegen die Einwohner des platten Landes allemal wie zwey gegen eines verhalten. In Frankreich, England und den Niederlanden wird man allemal dieses letztere Verhältniß wahrnehmen; so wie in Sachsen, Brandenburg und andern teutschen Staaten die erste Proportion statt findet. Wenn man allein auf die Bevölkerung des Landes siehet: so muß man so gar behaupten; daß die ausländischen Commercien bey weitem nicht so viel dazu beytragen, als die Manufacturen und Fabriken. Diese letztern beschäfftigen nämlich weit mehr Hände, als die Commercien; indem auf einem Schiffe, das eine grosse Menge Waaren fortschaffet, öfters zehn und hundertmal weniger Leute erfordert werden, als diese Waaren zu verfertigen. Die Länder, die gleichsam mit Städten besäet sind, haben auch diese Menge von Städten nicht den auswärtigen Commercien, sondern den Manufacturen und Fabriken zu danken. Es hat vielleicht kein Land so viel Städte, als die Niederlande. Allein alle diese Städte sind zur Zeit der Manufacturen und Fabriken im dreyzehnten, vierzehnten und funfzehnten Jahrhundert entstanden, da die Niederlande noch wenig oder gar keine Schiffarth trieben: und die auswärtigen Commercien in den letztern Jahrhunderten haben meines Wissens zu Entstehung

stehung keiner einzigen neuen Stadt Gelegenheit gegeben.

Auf der Bevölkerung beruhet die Stärke eines Staats.

Ich habe nicht nöthig, hier weitläuftig auszuführen, von was für Wichtigkeit die Bevölkerung für einen Staat ist. Dieses gehöret unter die ersten Grundsätze der Staatskunst, die von jedermann willig zugegeben werden (4). Niemand läugnet, daß die Macht, Stärke und Glückseligkeit eines Staats auf die Bevölkerung und den Reichthum einzig und allein ankommen. Man kann aber aus diesen allgemei-

(4) Freylich! aber man vergesse nicht, daß, wenn die Volkmenge vergrössert werden soll, auch die Gewerbe erweitert und vermehrt werden müssen. Geschieht dieß nicht in gleicher Verhältniß, so werden diejenigen, welche nichts zu verdienen wissen, die arbeitenden Einwohner auszähren. Wenn nur ein Paar Fabriken oder Manufacturen errichtet werden, so wird gleich dadurch die Volkmenge vermehrt; denn jeder, der dabey Arbeit findet, zeuget Kinder in Menge. Wenn nun der Staat eine starke Kriegsmacht braucht, so kan er daher Soldaten nehmen, und deswegen haben die Preussischen Staaten, mehr als manche andere, Fabriken nöthig. Aber wohin mit dem Ueberschusse, den der Krieg nicht braucht? Mir deucht daraus folget nicht, daß der Regent die Leute verkaufen dürfe, sondern daß man mit Erweiterung und Vermehrung der Gewerbe nicht aufhören dürfe, so bald damit ein Anfang gemacht ist. Die zahlreichen Kinder der Fabrikarbeiter sind ohne Geld, und können daher höchst selten ein neues Gewerb anfangen. Also muß dem reichen Theile, Kentniß, Neigung und Muth, neue Gewerbe zu errichten, beygebracht werden. So ist es in England! Aber der reiche Teutsche weis selten andere Mittel sein Geld zu nutzen, als es, gegen sichere Hypothek, auf Zinsen zu verleihen, oder allenfals den Adelbrief und nachher ein Landgut zu kaufen.

gemeinen und bekannten Grundsätzen auf einen Satz fortschliessen, der vielleicht nicht so bekannt ist, nämlich, daß je enger die Menschen auf einer Oberfläche der Erden beysammen wohnen, desto stärker und thätiger sind sie allemal, sowohl in Ansehung ihrer innerlichen Verfassung, als gegen auswärtige Feinde. Eine Million Menschen, die in einer Oberfläche von zweyhundert Quadratmeilen bey einander wohnen, sind vielmals stärker als eine andre Million Menschen, die in tausend Quadratmeilen zerstreuet wohnen (5). Es würde sich dieses ausführlich zeigen lassen, wenn es zu meinem gegenwärtigen Endzwecke nöthig wäre.

Es ist eine wichtige Sache, die Unterthanen nützlich zu beschäfftigen.

Es ist hierbey nicht ausser Acht zu lassen, daß die Unterthanen durch die Manufacturen und Fabriken auf eine nützliche Art beschäfftiget werden. Wenn es möglich wäre, daß ein Regent seinen Unterthanen alle Nothdurft und Bequemlichkeit des Lebens verschaffen könnte, ohne, daß sie zu arbeiten nöthig hätten, so würde eine sehr wichtige Frage für den Regenten und seine Minister entstehen, womit sie zu beschäfftigen wären, daß sie weder einander selbst, noch dem Staate zur Last fallen möchten. Sparta fand

(5) Professor Berg in Upsala behauptete einmal, daß die Schwedische Nation glücklicher seyn würde, wenn sie ihr Vaterland verlassen, und ganz nach Finland ziehen könte. Die ihn nicht verstanden, beschuldigten ihn einer Staats-Ketzerey.

fand sich gewissermaassen in dieser Beschaffenheit, weil die Spartaner ein unterwürfiges Volk die Eloten hatten, das zu ihrem Unterhalte arbeiten mußte. So wenig Weisheit ich sonst in den Gesetzen des Lycurgus finde; so muß ich doch gestehen, daß er die Nothwendigkeit, seine Bürger zu beschäfftigen, sehr wohl einsahe, und daher rührten die Gesetze von den gemeinschaftlichen Leibesübungen und Ergetzlichkeiten, die er ihnen vorschrieb. Der Punkt von der Beschäfftigung der Unterthanen verdienet gewiß mehr Aufmerksamkeit, als die meisten Regierungen darauf verwenden. Ein Land, das keine Manufacturen und Fabriken hat, wird auch allemal träge, schläfrige und unthätige Unterthanen haben. Sie werden den Ackerbau, die Viehzucht und die unentbehrlichen Handwerke nach dem alten Schlendrian so nachlässig hintreiben, das platte Land und die Landstädte werden in Elend und Dürftigkeit, die Hauptstadt aber, die alle Kräfte des Landes an sich ziehet, wird in Ueppigkeit und Verschwendung leben und zum Guten eben diese Trägheit an sich wahrnehmen lassen. Das ist das Bild von den meisten catholischen Staaten in Teutschland; und es ist nicht zu läugnen, daß dieses ein sehr betrübtes Bild ist. Eine solche Beschaffenheit hat in alle weise Maaßregeln der Regierung und in die Stärke des Staats einen sehr nachtheiligen Einfluß; und verhintert alles Gute, was die oberste Gewalt zu veranstalten in Begriff ist.

Ob

Ohne Manufacturen und Fabriken können keine blühende Commercien statt finden.

Ob ich zwar glaube, daß die Manufacturen und Fabriken die erste und vorzüglichste Aufmerksamkeit der Regierung noch vor den auswärtigen Commercien verdienen, wovon die Gründe in der vorhergehenden Ausführungen vor Augen liegen; so ist doch nicht zu läugnen, daß die Commercien von überaus grossem Nutzen für den Staat sind. Allein es ist gar nicht möglich zu blühenden und dauerhaften auswärtigen Commercien zu gelangen, wenn nicht blühende Manufacturen und Fabriken den Grund dazu abgeben. Diese Wahrheit ist so wichtig, daß ich sie ausführlich erörtern muß.

Es giebt drey Hauptarten des auswärtigen Handels.

Ich habe in meiner Staatswirthschaft, in den Grundsätzen der Polizey und in andern meinen Schriften gezeiget, daß es eigentlich drey Hauptarten der Commercien giebt. Die erste ist, wenn man auswärtige Waaren zum Verbrauch im Lande kommen läßt und dafür Geld ausser Landes sendet. Die andere Art ist, wenn man ausländische Waaren abholet, um solche wieder an andre Nationen zu verhandeln; und die dritte Art bestehet in dem Handel, der mit den eignen Producten des Landes an auswärtige Völker getrieben wird. Es ist vielleicht kein Volk, das eine Art dieses Handels einzig und allein treibt. Gemeiniglich finden alle drey Arten des Handels mit einander vermischt statt. Allein die Güte der Handlung beruhet bloß auf dem Verhältniß,

niß, in welchem diese dreyerley Arten des Handels getrieben werden, und man kann den Vortheil der Handlung nie gründlich einsehen, wenn man nicht diese dreyerley Arten des Handels wohl aus einander setzet.

1) Fremde Waaren zu verbrauchen und dafür Geld auszuführen ist ein schädlicher Handel.

Die erste Art des Handels ist unstreitig eine sehr schädliche Art der auswärtigen Commercien. Sie verdienet hier kaum eine Erwähnung, da wir von blühenden und vortheilhaftigen auswärtigen Commercien reden wollen. Wenn ein Volk ausländische Waaren für Geld kommen läßt, um sie selbst zu verbrauchen, so treibet dieses Volk einen sehr nachtheiligen Handel: und wenn dasselbe durch Bergwerke, oder auf andre Art, keinen neuen Geldzufluß hat; so muß endlich dieses Volk in das äusserste Elend und Armuth gerathen. Es muß endlich ein Zeitpunkt kommen, da dieser schädliche Handel von selbst aufhöret. Wenn es kein Geld mehr hat, die Waaren der Ausländer zu bezahlen; so nehmen diese Commercien von selbst ein trauriges Ende. Selten wird ein Volk, wenn es nur in etwas klug ist, diesen betrübten Zeitpunkt abwarten. Es wird, wenn es das allgemeine Elend, aus dem grossen Geldmangel, stark zu empfinden anfängt, alle ausländische Waaren verbiethen, die nicht äusserst nothwendig sind. Obgleich dieses Verbot den annoch wohlhabenden Leuten im Lande sehr empfindlich fällt und viele andere schädliche Folgen für den Staat hat: wie ich oben erinnert habe; so ist es doch eine traurige Nothwendigkeit, wenn ein solches Volk die Bilanz der Handlung auf keine andre Art zu gewinnen Hoffnung hat.

Die zweyte Art des Handels, daß man Waaren von andern Völkern abholet, um sie wieder an andere Völker zu verkaufen, ist zwar allerdings ein vortheilhaftiger Handel. Die Hände der Unterthanen werden nicht allein dabey in der Schiffahrt und auf andre Art nützlich beschäfftiget, sondern er giebt auch in der That zu Vermehrung des Reichthums des Staats Anlaß, weil der Wiederverkauf der Waaren nicht ohne Vortheil geschiehet. Allein zu geschweigen, daß diese Art des Handels eine besondere Lage des Landes erfordert; so ist es auch weit gefehlet, daß daraus genugsam gegründete und dauerhaftige Commercien entstehen könnten. Dieser Handel kann nicht länger bestehen, als die zwey Nationen, mit welchen wir diese Commercien treiben, einfältig genug sind, daß sie ihren wahren Vortheil nicht einsehen (6). So bald das eine Volk

2) Fremde Waaren wieder an andere Völker zu verhandeln, macht heutiges Tages schwerlich blühende Commercien.

(6) Die Einfalt ist doch nicht die einzige Ursache, warum eine Nation sich von einer andern die Waaren einer dritten zubringen läßt. Der unmittelbare Handel fodert ein grosses Vermögen. Der Zwischenhändler muß oft den Verkäufer voraus oder doch gleich bezahlen, und dem Käufer auf lange Zeit

Volk einsehen lernet, daß es seine Waaren andern Völkern selbst zuführen kann, oder so bald diese Völker begreifen, daß es ihnen vortheilhaftiger ist, die Waaren, die sie nöthig haben, aus der ersten Hand abzuholen; so ist es mit diesem Handel geschehen. Man hat hin und wieder von dieser Art des Handels allzugünstige Begriffe, und wendet alle ersinnliche Maaßregeln an, sich denselben zu verschaffen. Das Beyspiel der Holländer, die durch diesen Handel reich geworden sind, ist Ursache, daß man sich eine grosse Vorstellung davon macht. Allein die Holländer haben sich diesen Handel erworben, als die übrigen Europäischen Nationen noch schlechte Begriffe von den Commercien hatten, und hierinn ihren wahren Vortheil wenig einsahen. Wenn es nicht zu läugnen ist, daß der holländische Handel in diesem Jahrhunderte sehr in Abnahme gerathen ist; so ist es hauptsächlich von dieser Art der Commercien zu verstehen; und da heut zu Tage alle Natio-

nen

Zeit Credit geben. Freylich schlägt er diesen Aufwand auf die Waare, und wenn Verkäufern und Käufern Geld fehlt, so müssen sie sich dieß gefallen lassen. So bald hingegen die Nation, welche die Waaren durch diesen Umweg bisher erhalten hat, durch allerley Gewerbe reicher wird, so wird sie, ohne den Zwischenhändler zu bezahlen, die Waaren selbst aus der ersten Hand nehmen; oder wenn die Nation, welche die Waaren liefert, Vermögen genug erhält, den Transport selbst zu übernehmen und dem Käufer Credit zu geben, so wird sie die Waaren selbst dahin bringen, wohin sie bis dahin der Zwischenhändler gebracht hat.

nen auf die Handlungsvortheile aufmerksam sind; so ist es zu vermuthen, daß sie diese Art der Handlung ganz und gar einbüssen, und daß bloß ihre Manufacturen und Fabriken und insonderheit die Producte aus ihren weitläuftigen Besitzungen in Ostindien ihre Commercien vor dem gänzlichen Verfall schützen werden. Je aufgeklärter also heutiges Tages die Einsichten in dem Commercienwesen sind, und je mehr sich jetzo alle Nationen bemühen, selbst *unmittelbar Handlung und Schifffahrt zu treiben*, desto weniger kann sich zu unsern Zeiten ein Volk Rechnung machen, durch diesen Weg zu blühenden Commercien zu gelangen.

3) Der Verkauf der Landesproducte verschaffet allein dauerhafte blühende Commercien.

Es bleibet demnach nichts als die dritte Art des Handels übrig, der sich auf die eigenen Landesproducte gründet, von welchen sich ein Volk versprechen kann, daß es nicht allein blühende, sondern auch wohlgegründete und dauerhaftige Commercien erlangen kann. Die Landesproducte beruhen fast allein auf den Manufacturen und Fabriken, weil man heutiges Tages so viel immer möglich vermeidet, die natürlichen Güter roh auszuführen; indem man endlich einzusehen gelernet hat, daß diese rohen Materialien vielen Menschen Beschäfftigung und Nahrung geben können, wenn sie im Lande bearbeitet werden. In der That sind die Manufacturen und Fabriken der beste Grund der Commercien. Wenn sich ein

Volk bemühet alle Arten der gekünstelten Waaren selbst zu verfertigen, so viel es nach Beschaffenheit des Landes und der Himmelsgegend nur immer möglich ist; und wenn es dadurch verhintert, daß unnöthiger Weise kein Geld aus dem Lande fliesset: so ist nichts so leicht als die Bilanz in der Handlung zu gewinnen, als worinn blühende und vortheilhaftige Commercien hauptsächlich bestehen. Es sind vielleicht wenig Lande, die nicht vorzügliche Naturgaben haben. Die Vorsehung, welche alle Völker durch den Umgang und die Commercien, als durch ein gegemeinschaftliches Band, mit einander verknüpfen wollen, hat einem jeden Lande und Himmelsgegend gewisse Güter mitgetheilet, welche in andern Staaten und Erdstrichen entweder gar nicht, oder doch nicht in solcher Güte und Menge anzutreffen sind. Wenn also ein Land diejenigen Naturgaben und Materialien, die ihm vorzüglich eigen sind, oder die es in Menge haben kann, wohl nutzet und bearbeitet; so wird es allemal Waaren haben, die andere Völker unumgänglich bedürfen, oder die es so wohlfeil geben kann, daß es den Absatz vorzüglich an sich ziehen wird. Es wird also nicht allein diejenigen Waaren dafür erhalten können, die es nach Beschaffenheit des Landes und der Himmelsgegend nicht gewinnen kann, sondern es wird auch gar leicht seine Commercien in solchen Stand setzen können, daß es von andern Völkern noch baares Geld herausbe-

kommt

kommt und mithin der Reichthum des Landes immer mehr vermehret wird. Die Möglichkeit hiervon ist, wo nicht bey allen, doch bey den meisten Völkern schwerlich zu läugnen. Wenn ein Volk über das andere die Handlungsbilanz gewinnet; so kommt es bloß auf den grössern Fleiß, Arbeitsamkeit, Thätigkeit, auf ein besseres Genie und klüger eingerichtete Maaßregeln an.

Der Einwurf von dem Mangel des auswärtigen Vertriebes der Manufactur- und Fabrikenwaaren wird gehoben.

Man höret nicht selten den Einwurf, daß es heutiges Tages sehr schwer falle, den Manufactur- und Fabrikenwaaren auswärtigen Absatz zu verschaffen, weil alle Staaten auf Errichtung der Manufacturen und Fabriken bedacht sind, und mithin der Käufer immer weniger werden, und weil einige Völker ihre Arbeiten zu einer so grossen Vollkommenheit gebracht haben, daß die neuanfangenden schwerlich Hofnung haben, ihnen den Debit abzugewinnen. Ich will dieses von verschiedenen Manufacturwaaren leicht zugeben. Die Engländer, Holländer und Franzosen haben in den meisten Manufacturarbeiten einen so grossen Vorsprung, daß ein neuanfangendes Volk sie schwerlich einholen, geschweige ihnen den Absatz benehmen wird. Unterdessen sind die Schwierigkeiten nicht unüberwindlich. Frankreich hat in den Manufacturen viel später angefangen, als England und Holland: und hat sie doch in einer gar kurzen Zeit zur Vollkommenheit und zu auswärtigem Vertrieb gebracht. Es ist auch gewiß, daß ein jedes Volk sich wenigstens in dem Falle alsobald bey seinen Manufacturwaaren auswärtigen Absatz versprechen kann, so bald es dabey neue, den Käufern gefallende, Erfindungen anbringen wird. Man hat das neue sächsische Blau und Grün auf schlechten Tüchern in fremde Länder gehen und theuer bezahlen sehen, bloß weil diese neuen, obzwar wenig dauerhaftigen Farben das Auge reizten. Wenn aber auch bey den Manufacturwaaren kein auswärtiger Vertrieb zu erhalten stünde; so wird der Staat allemal genug gewinnen, wenn sie zum innerlichen Verbrauch zureichen, die Hände der Unterthanen dadurch nützlich beschäfftiget, die Einführung fremder Waaren dieser Art gehindert und mithin grosse Geldsummen im Lande behalten werden. Allein in Ansehung der Fabrikenwaaren ist dieser Einwurf, daß der auswärtige Debit schwerlich zu erhalten wäre, gänzlich ungegründet. Die Arbeiten aus den Metallen, die unedlen Metalle selbst, die mineralischen Farben und Salze und andere Bergwerksproducte sind solche Waaren, von welchen man sich ganz unfehlbaren auswärtigen Absatz zu versprechen hat. Die wenigsten europäischen Völker sind mit diesen Waaren genugsam versehen, oder sie können bey ihnen wegen des theuern Holzpreises nicht mit Vortheil verfertiget werden. Dieses findet sich bey denen Völkern, welche die stärkste

Hand=

Handlung treiben, am meisten; und dennoch können dieselben aller dieser Waaren, sowohl zu ihrem häuslichen Gebrauch, als zu Behuf ihrer Manufacturen nicht entrathen. Ein Land, das mit diesen Gaben der Natur versehen ist, hat also den vortreflichsten Grund zu blühenden und dauerhaftigen Commercien; und es kann dafür nicht allein alle seine nothwendigen ausländischen Waaren und Materialien erhalten, sondern auch den Reichthum des Staats beständig vergrössern. Die Bergwerksproducte verdienen folglich insonderheit eines der hauptsächlichsten Augenmerke einer weisen Regierung.

Die Manufacturen und Fabriken sind also der Grund von Bevölkerung und Reichthum.

Wenn also, wie ich oben gezeiget habe, Manufacturen und Fabriken der Grund von der Bevölkerung des Staats sind; so sind sie auch eine unerschöpfliche Quelle seines Reichthums. Bevölkerung und Reichthum aber sind es, worauf die Macht, die Stärke und die Glückseligkeit eines Staats allein ankommen. Mich deucht, daß dieses genug seyn kann, die Nothwendigkeit und Nützlichkeit der Manufacturen und Fabriken zu beweisen.

Zweyter Abschnitt.

Von dem Zusammenhange der Manufacturen und Fabriken mit der gesammten Verfassung und Beschaffenheit des Staats.

Ein Staat hat in allen seinen Theilen den genauesten Zusammenhang.

Ein Staat ist ein einfacher Körper, der in allen seinen Theilen den allergenauesten Zusammenhang mit einander hat. Es kann demnach in dem geringsten seiner Theile nichts vorgehen, was sich nicht auf das Ganze beziehet und was nicht in alle übrige Theile seinen Einfluß hat. Nichts ist einer Maschine so ähnlich als der grosse Körper des Staats. Alle Räder und Triebfedern, welche diese grosse Maschine in Bewegung setzen, müssen das allervollkommenste Verhältniß mit einander haben. Man kann in keinem Theile dieser Maschine eine Verbesserung mit gutem Erfolge vornehmen, wenn nicht alle übrigen Theile damit übereinstimmen. Man würde sonst einen monströsen Theil in die Maschine einflicken, der anstatt dieselbe zu verbessern, den guten Fortgang der übrigen Räder und Triebfedern hemmen würde.

Bey

Bey allen neuen Anſtalten und Maaßregeln des Staats muß man demnach vor allen Dingen auf den Zuſammenhang des Ganzen ſehen; und wenn viele Verbeſſerungen des Staats nicht die gehofte Wirkung zeigen, ohngeachtet die Anſtalten gut ſind; ſo iſt gewiß die Urſache, daß es an der Uebereinſtimmung des Ganzen ermangelt. Viele Bediente des Staats haben eine groſſe Beleſenheit in den zur Regierungskunſt erforderlichen Wiſſenſchaften und eine groſſe Erfahrung in den darzu dienlichen Anſtalten. Allein es fehlet ihnen an der Einſicht in den Zuſammenhang des Ganzen, und die beſten Maaßregeln haben daher keinesweges den gehoften Fortgang, oder wenn der Fortgang erzwungen wird; ſo wird in dem einen Theile des Staatskörpers viel mehr Schaden verurſachet, als die neue Verbeſſerung gutes wirket. Es iſt wahr, dieſe Einſicht in den Zuſammenhang des Ganzen iſt gar nicht leicht. Sie iſt der höchſte Punct in der Staatswiſſenſchaft. Sie iſt die Frucht eines ſehr mühſamen Nachſinnens und wohlüberlegter und zuſammengehängter Grundſätze, die man ſich gemacht hat. Allein ſie iſt unumgänglich nothwendig; und inſonderheit ſollte der Regent allemal dieſe Einſicht in den Zuſammenhang des Ganzen auf das vollkommenſte beſitzen. Niemals ſollten Kleinigkeiten der Gegenſtand ſeiner Bemühung und Fürſorge ſeyn, ſondern nur dasjenige, was den Zuſammenhang des Ganzen betrift.

Bey allen Anſtalten muß man vor allen Dingen auf den Zuſammenhang des Ganzen ſehen.

Der Regent soll weder Finanzminister, noch Präsident des Commercienwesens, noch Kriegesminister oder Justizpräsident seyn. Er soll nur die Seele aller derer verschiedenen Departements seyn, in welchen die Geschäffte des Staats abgehandelt werden.

Die Manufacturen müssen also mit der übrigen Beschaffenheit des Staats in gutem Verhältnisse stehen.

Da auf diesen Zusammenhang des Ganzen oder auf die Uebereinstimmung aller Theile des Staatskörpers so ungemein viel ankommt; so siehet man leicht, daß man sich in den Manufacturen und Fabriken wenig guten Fortgang zu versprechen hat, wenn nicht alle übrigen Theile des Staatskörpers damit in übereinstimmendem Verhältnisse stehen. Ehe wir also die Maaßregeln und Mittel zu Gründung und Anlegung der Manufacturen und Fabriken vortragen: so ist es nöthig den Zusammenhang zu zeigen, den dieselben mit der gesammten Verfassung, Beschaffenheit und übrigen Einrichtung des Staats haben. Es zeiget sich hier ein so weites Feld, daß wir allein einen ganzen Tractat erfüllen würden, wenn wir diesen Zusammenhang auf das genaueste und vollständigste vorstellen wollten. Wir können also nur das Verhältniß der vornehmsten Verfassungen und Beschaffenheiten des Staats gegen die Manufacturen und Fabriken betrachten, die einen so starken und unmittelbaren Einfluß dabey haben, daß man sich ohne eine gute Uebereinstimmung derselben wenig Fortgang in diesem Puncte zu versprechen hat.

Wir

Wir wollen mit der Religion, als der ehrwürdigsten Sache, den Anfang machen. Wenn es möglich wäre, daß ein Staat ohne gewaltsame Mittel und Einschränkung der Gewissen die Einigkeit im Glauben erhalten könnte; so würde dieser Zustand allen andern vorzuziehen seyn. Er würde allen Gliedern und Ordnungen des Staats ein Vertrauen, eine Liebe und Einigkeit gegen einander geben, die zu der Thätigkeit der Unterthanen und dem guten Fortgang aller Maaßregeln und Anstalten sehr viel beytragen. Der Zwiespalt in der Religion und insonderheit die öffentliche Ausübung des Gottesdienstes zweyer Religionspartheyen ist kein Zustand, den man in einer Stadt, oder in dem gesammten Staate, wünschen soll. Wenn es demnach möglich ist blühende Manufacturen und Fabriken zu Stande zu bringen, ohne die öffentliche uneingeschränkte Ausübung eines gegenseitigen Gottesdienstes zuzulassen, so wird dieses allemal mehr anzurathen seyn, ob ich gleich weit entfernet bin, zu glauben, daß es besser sey ein armes Land, das die Reinigkeit des Glaubens besitzet, als ein reiches, mit vielerley Religionssecten erfülltes, Land zu haben; daß es besser sey gar keine Manufacturen und Fabriken zu haben, als solche mit Einführung der Ketzereyen zu gründen. Wenn man aber die öffentliche Ausübung des Gottesdienstes verschiedenen Religionspartheyen zuläßt: so muß die Regierung allemal die-

Zusammenhang der Manufacturen mit der Religion.

 sen

sen Enthusiasmus oder die Bigotterie in allen Religionen zu mässigen wissen, der seinen Nächsten bloß deshalb hasset, weil er einer andern Glaubensmeynung zugethan ist. Dieser Haß, welcher die Quelle der Partheyen und der Unruhen ist, kann ohnedem schwerlich bey dem Pöbel statt finden, wenn man ihn nicht zugleich in einer gewissen Dummheit und Unwissenheit erhält, welche mit der Geschicklichkeit und dem Erfindungsgeiste, welche die Manufacturen und Fabriken erfordern, wenig verträglich ist. Wenn die Manufacturen und Fabriken in verschiedenen teutschen catholischen Staaten wenig Fortgang haben, so ist solches grossentheils auch dieser Dummheit und Unwissenheit zuzuschreiben, in welcher die catholische Geistlichkeit den Pöbel zu erhalten, recht eifrig beflissen ist. Indem ihr Ansehn und Reichthum auf dieser Bigotterie des Pöbels beruhet; so macht ihnen alles Furcht, was das gemeine Volk mit der Zeit erleuchten könnte; und alle Wege, Mittel und Anstalten, die dahin führen könnten, finden an ihnen geschworne Feinde. Allein so viel Vortheil sie davon haben den Pöbel in dieser Dummheit zu erhalten: so viel Interesse hat auf der andern Seite der Staat Aberglauben und Unwissenheit auszurotten; sowohl um das Genie und die Geschicklichkeit des Volkes zu Manufacturen und Fabriken zu bilden, als den Reichthum der Geistlichkeit zu verhüten, welcher der Circulation des Geldes

und

und der Thätigkeit und Arbeitsamkeit des Volkes, Dinge, die bey den Manufacturen so nöthig sind, wenig zuträglich ist.

Nothwendigkeit der Gewissensfreyheit bey den Manufacturen.

Man mag aber die öffentliche Ausübung verschiedener Religionen zulassen, oder nicht; so muß doch allemal in einem Lande, das blühende Manufacturen und Fabriken haben will, eine vollkommene Gewissensfreyheit statt finden. Niemand darf wegen dessen, was er für sich in der Stille glaubet, oder wegen der Art, womit er Gott in seinem Hause dienet, zur Verantwortung gezogen werden. Die Beherrschung der Gewissen ist ohnedem ausser dem Bezirk der Macht der Regierung; und geschickte Leute wohnen nicht gerne in einem Lande, wo der Neid und die Verfolgung einen Ketzereyprozeß wider sie erregen kann. Der tolle Eifer Ketzergerichte zu halten, ist auch heutiges Tages ziemlich aus der Mode gekommen; und vielleicht würde jetzt Spanien selbst Bedenken tragen, durch diesen thörichten Weg die Manufacturen aus seinen Landen zu vertreiben, wie es ehedem in den Niederlanden gethan hat.

Ob die unumschränkte Gewalt dem Wachsthume der Manufacturen zuträglich ist.

Nach der Religion verdienet die Frage in Erwägung gezogen zu werden, welche Regierungsform den Manufacturen und Fabriken am zuträglichsten ist. Ehedem stand man in den Gedanken, daß die Commercien und Manufacturen unter einer unum-

 schränk-

schränkten Gewalt schwerlich zu einem rechten Flor gelangen könnten; sondern die Luft der freyen Republiken sey es, die zu ihrem Gedeihen und Wachsthum erfordert werde. Man schliesset nur allzugern aus Beyspielen; eine Art zu schliessen, welcher fast allemal die Gründlichkeit ermangelt, weil die Beyspiele höchstens nur dienen die Schlüsse zu bestätigen. Man hatte bemerket, daß ehedem die freyen Republiken den meisten Handel und Manufacturen gehabt hatten. Tyrus, Carthago, Venedig, Genua, die Hanseestädte, Holland, die alle durch ihren Handel so berühmt geworden waren, leuchteten allzustark in die Augen. Vielleicht wird man ins künftige auf eben die Art schliessen, daß die Commercien und Manufacturen unter einer unumschränkten Gewalt am besten in Flor zu bringen sind. Frankreich ist hier ein Beyspiel, das für zehn andere gelten kann. Colbert brachte in einer sehr kurzen Zeit die blühendsten Manufacturen zu Stande; und in diesem Jahrhunderte hat Frankreich gezeiget, daß es auch möglich ist, die Commercien unter einer uneingeschränkten Herrschaft in einen verwundernswürdigen Flor zu bringen. Der glückliche Anfang, den einige andere europäische unumschränkte Monarchen zu unsern Zeiten in den Commercien und Manufacturen gemacht haben, dürfte bald mehr dergleichen Beyspiele an die Hand geben. So viel ist gewiß, daß wenn die Republiken eine lange Zeit bedürfen um die Commercien und Manufacturen zu gründen und in Flor zu bringen: so kann der unumschränkte Monarch in gar kurzer Zeit damit zu Stande kommen, wenn er nur sonst die rechten Wege erwählet. Eben seine unumschränkte Gewalt giebt ihm tausenderley Mittel an die Hand, welche die freyen Republiken nicht haben. Er ist das Muster, wornach sich die ganze Nation bildet. Er darf nur an einer Sache einen Gefallen bezeigen: so wird diese Sache so fort eine allgemeine Achtung erhalten. Die Belohnungen, dieses kräftigste, unfehlbarste und schleunigste Beförderungsmittel der Manufacturen und Fabriken kann eine Republik, die durch Nebenabsichten und Partheyen geleitet wird, niemals so wohl anwenden, als ein unumschränkter Monarch. Er ist der Brunnquell aller Gnaden: und da er nach Gefallen Schatzungen auflegen kann; so fehlet es ihm nie an Mitteln zu Belohnungen. Dieses findet in den freyen Republiken und eingeschränkten Regierungsformen weit mehr Schwierigkeit. Diejenigen, auf welche es ankommt, die Schatzungen zu bewilligen und anzuwenden, haben nicht allemal den Willen und die Einsicht, den das Englische Parlament öfters rühmlich bezeiget hat, nämlich durch Belohnungen und andern Aufwand für die Commercien und Manufacturen einen Saamen auszustreuen, der bey guten Maaßregeln gar bald hundertfältige Früchte bringen wird. Wenn man dieses erwäget und

wenn

wenn man dabey voraussetzet, daß die unumschränkte Gewalt mit Weisheit, Gerechtigkeit und Güte geführet wird, dergestalt, daß ein jeder Unterthan seines Eigenthums vollkommen versichert ist und eine vernünftige Freyheit geniesset; so ist es so weit gefehlt, daß eine unumschränkte Gewalt der Gründung und Flor der Manufacturen und Fabriken entgegen seyn sollte, daß sie vielmehr in einem solchen Lande viel schleuniger in einen blühenden Zustand gesetzt werden können (*).

Unter der despotischen Gewalt können die Manufacturen schwerlich blühend werden.

Allein gleichwie man von einer unumschränkten Alleinherrschaft die despotische Regierungsform wohl unterscheiden muß; so bin ich weit entfernt zu glauben, daß die Manufacturen und Fabriken unter Ausübung der despotischen Gewalt eben sowohl gedeihen können. Dieses Ungeheuer unter den Regierungsformen hat keine Unterthanen, sondern elende Sklaven, denen aller Muth und Lust zu Fleiß und Geschicklichkeit darnieder geschlagen ist. Wenn Güter, Stand, Ehre und Leben bloß von der eigensinnigen Willkühr des Despoten und seiner Minister abhängen; so wird Niemand grosse Lust haben, sich durch Fleiß und Arbeitsamkeit Güter zu erwerben, deren Genuß so ungewiß ist. Am allerwenigsten aber wird jemand geneigt seyn, sich in Manufacturen und Fabriken einzulassen, deren weitläuftige Anstalten

(*) Man vergleiche Physik. ökon. Bibliothek XV S. 374.

stalten ihren Eigenthümer mehr als eine andere Nahrungsart an das Land verknüpfen. Zur Kaufmannschaft werden sich noch eher Unternehmer finden, zumal wenn man sich die Hofnung machen kann, bald reich zu werden, um hernach ein so übel beherrschtes Land verlassen zu können. Es ist wahr, der Despot kann seine Unterthanen gar leicht zwingen, Manufacturen und Fabriken zu unternehmen, so wie der Prügel des Guardian zu Algier einen Sklaven gar leicht dahin bringen kan, ein Handwerk auszuüben, das er vorher nie gelernet hat. Allein die Gewalt des Despoten und der Prügel des Guardian werden die aufgezwungene Handthierung ihren beyden elenden Sklaven niemals in gehöriger Vollkommenheit beybringen; und die mit Gewalt erzwungenen Manufacturen werden mithin eine schlechte Beschaffenheit haben. Wenn die Manufacturen und Fabriken zu ihrer Vollkommenheit gelangen sollen; so wird darzu Genie, Lust, Fleiß und Aufmerksamkeit erfordert; und dieses sind Früchte der Freyheit und einer gerechten und gütigen Regierung, nicht aber der despotischen Gewalt.

Zusammenhang der Wissenschaften mit den Manufacturen.

Die Manufacturen und Fabriken haben mit den Wissenschaften einen ganz ungezweifelten starken Zusammenhang; und der gute Fortgang dieser Nahrungsgeschäffte kommt vielleicht mehr, als man es sich gemeiniglich einbildet, auf den Zustand der Gelehrsamlehrsamkeit im Lande an. Wo mich mein Gedächtniß nicht trügt; so ist es Herr Hume, welcher sagt, man solle sich nicht einbilden, daß ein Volk ein Stück Tuch in seiner Vollkommenheit zubereiten werde, das in der Sternkunde ganz und gar unwissend sey. So wenig Einfluß die Sternkunde in die Zubereitung eines Stückes Tuches zu haben scheinet; so ist es doch gewiß, daß eine gänzliche Unwissenheit in dieser Wissenschaft einen gar schlechten Zustand der Gelehrsamkeit überhaupt anzeiget; und folglich hat die Nation die Barbarey noch nicht abgeleget. Die Wissenschaften allein sind es, welche das Genie und den Verstand eines Volkes bilden und aufklären; und der blühende Zustand der Wissenschaften hat auch in die Vernunft derjenigen ihren Einfluß, die im eigentlichen Verstande der Gelehrsamkeit nicht ergeben sind. Ein Volk, bey welchem die Wissenschaften blühen, wird demnach allemal mehr Einsicht, Genie, Fähigkeit und Erfindungskraft haben, als ein anderes, bey welchem die Wissenschaften in schlechtem Zustande sind; und das erste Volk wird mithin die Manufacturen und Fabriken ungleich eher zu ihrer Vollkommenheit bringen können, als das andere. Die Erfahrung scheinet auch diesen Einfluß der Wissenschaften gar sehr zu bestärken. Als noch Italien allein der Sitz der Wissenschaften, das übrige Europa aber noch mit der Finsterniß der Barbarey bedecket war; so war auch zugleich Italien allein

der

der Sitz der Manufacturen; und so wie in neuern Zeiten England, Frankreich und Holland die Wissenschaften unter den übrigen Europäischen Nationen bey sich in Flor gesetzet haben: so haben sie auch am ersten ihre Manufacturen zur Vollkommenheit gebracht.

Die Wissenschaften unterstützen jedoch die Manufacturen und Fabriken nicht allein darin, daß sie den Verstand der Nation aufklären; sondern sie haben auch einen nähern und unmittelbaren Einfluß dabey. Wenn die Wissenschaften überhaupt den Endzweck haben, die menschliche Erkenntniß zu erweitern und den Nutzen der Republik zu befördern; so siehet man leicht, daß es auch Wissenschaften geben muß, welche den Manufacturen und Fabriken zu statten kommen. Wir haben auch wirklich dergleichen. Ich darf nur die Mechanik, die Meßkunst, die Chymie und überhaupt die Naturkunde nennen; so wird man mir leicht zugeben, daß die Manufacturen und Fabriken von diesen Wissenschaften hauptsächlich ihre Vollkommenheit erwarten müssen. Ich gestehe gern, daß die Wissenschaften vielleicht zeither den Manufacturen und Fabriken nicht allen den Nutzen geleistet haben, den man mit Recht von ihnen fordern konnte. Allein das ist mehr ein Fehler der Gelehrten, die zeither mehr den bloß speculativischen Dingen, als dem wahren Nützlichen ergeben gewesen sind, als daß man dieses den Wissenschaf-

Näherer Einfluß der Wissenschaften in die Manufacturen und Fabriken.

ten

ten selbst beymessen könnte (7). Man kann jedoch nicht läugnen, daß zeither insonderheit die Gesellschaf-

(7) Daß die Wissenschaften den vornehmsten Gewerben noch nicht so viel genutzt haben, als sie würklich nutzen könten, wird niemand leugnen, auch ist wahr, daß davon die Schuld bisher zum Theil an den Gelehrten gelegen hat, die sich zu sehr mit solchen Gegenständen beschäftigten, die nicht den geschwindesten und stärksten Einfluß auf die Gewerbe haben können. Inzwischen dient zu ihrer Entschuldigung, daß sie sich nach dem Geschmacke ihres Zeitalters richten müssen, den sie allein nicht zu bessern vermögen. Die vielen Romane würden nicht geschrieben, nicht gedruckt werden, wenn nicht Verfasser und Verleger Käufer dieser Waare erwarten könten, dagegen würden wir sicherlich z. B. manche gute Ausgaben der alten Schriftsteller, manche vortrefliche historische Untersuchungen erhalten, wenn die Verleger genug Käufer für solche Artikel hoffen könten. Wenigstens den so genanten Gelehrten neuerer Zeiten muß man das Lob einräumen, daß sie vorzüglich diejenigen Wissenschaften, welche den nächsten Einfluß auf das Beste der Staaten und der Gewerbe haben, zu bearbeiten bemühet sind. Aber nichts desto weniger bleibt noch jetzt die Klage des Verf. wahr. Viele Wahrheiten und Entdeckungen, welche den Gewerben nutzen könten, stehn ungenutzt in vielen Schriften, weil noch zu wenige sind, die sie anzuwenden oder ihre Anwendung zu veranlassen, Geschicklichkeit und Neigung haben. Die Bediente des Staats haben gemeiniglich zu wenig Kenntniß, um das, was in Büchern gelehrt ist, zu lesen und zu verstehn, oder doch zu wenig Kentniß der Gewerbe, um darnach die Anwendung des würklich nutzbaren zu bewürken. Die meisten kommen ohne zweckmässige Vorbereitung zu ihren Bedienungen, weil bey Besetzung derselben gemeiniglich noch nicht genug auf die nothwendige Geschicklichkeit gesehn wird. Kaufleute, Handwerker und Landwirthe erlernen in ihrer Jugend nicht die Hülfswissenschaften ihrer Gewerbe, und sind daher nicht im

ſchaften der Wiſſenſchaften gar viel zur Aufnahme und Vollkommenheit der Manufacturen und Fabriken beygetragen haben; und die Regierungen können dieſe Geſellſchaften gar leicht dahin bringen, daß ſie weit mehr hierin leiſten. Man ſiehet alſo leicht, wie viel es bey den Manufacturen und Fabriken zugleich auf die Vorſorge für das Aufnehmen der Wiſſenſchaften und auf die Aufmunterung zu dem Nützlichen in der Gelehrſamkeit ankommt.

Den

im Stande Bücher zu verſtehn und zu nutzen. Denn allerdings gehört eigene Kentniß dazu, das geleſene nach den vorhandenen Umſtänden anzuwenden. Dazu kömt noch, daß die meiſten Gewerbe bey uns von armen Familien getrieben werden, die, wie man ſagt, aus der Hand in den Mund arbeiten müſſen, die keine Veränderungen wagen können, weil jede doch allemal mit einigem Aufwande und mit einiger Gefahr verbunden iſt. So iſt denn begreiflich genug, warum die vielen guten Schriften über landwirthſchaftliche Gegenſtände, über Färberey, Brauerey u. ſ. w. noch ſo wenig nutzen. Das iſt noch kein Beweis, daß ſolche Bücher alleſamt nicht taugen oder nichts nutzen können. Der Quackſalber kan die Schriften des Hippocrates, Galen, Hofmann, Boerhave u. a. nicht nutzen, und wenn wir lauter Quackſalber hätten, ſo würden die in jenen Schriften enthaltenen Lehren eben ſo unnütz ſeyn, als jetzt noch meiſtens diejenigen ſind, welche in landwirthſchaftlichen, technologiſchen und mercantiliſchen Büchern vorkommen. Ariſtides ſagt: Debent artes omnes duplicem habere vſum, ſic vt alter eius ſit, qui eas tractet; alter illius, qui ipſis vtatur. Si quis igitur opus negligat ſuum, ſubit culpam, quoniam is, qui vti vellet, non poteſt. Sin ille quidem officio ſuo diligenter ſatisfacit, alii vero deſunt; non ille culpandus eſt, ſed ii, qui non vtuntur.

Die Landwirthschaft hat mit den Manufacturen den engsten Zusammenhang.

Den allerengsten Zusammenhang haben die Manufacturen und Fabriken mit der Landwirthschaft. Die Landwirthschaft muß nicht allein die Lebensmittel zu Unterhaltung der Arbeiter liefern, sondern sie muß auch die vornehmsten Materialien zu den Manufacturen an die Hand geben. Der gute Fortgang der Manufacturen und Fabriken kommt grossen theils darauf an, daß die Arbeiter wohlfeil leben können und daß die Materialien guten Preises zu haben sind. Hieraus entsteht der wohlfeile Preis der Waaren; und auf demselben beruhet hauptsächlich sowohl der auswärtige Vertrieb der Waaren, als auch der innerliche Verbrauch, wenn man nicht durch gewaltsame Mittel den innerlichen Verbrauch befördern will, die jedoch nicht allerdings die gehofte Wirkung haben, wie wir unten mit mehrerem zeigen werden. Es kann aber weder der wohlfeile Preis der Lebensmittel noch der Materialien erhalten werden, wenn nicht ein grosser Zusammenfluß dieser Waaren vorhanden ist. Dieser aber entsteht allein aus der Vollkommenheit der Landwirthschaft. Es ist deswegen gar nicht möglich, daß die Manufacturen und Fabriken blühend seyn können, wenn nicht zugleich die Landwirthschaft in möglichster Vollkommenheit getrieben wird; und gleichwie die Vollkommenheit der Landwirthschaft zu dem guten Zustande der Manufacturen und Fabriken gar viel beyträgt; so ziehen gemeiniglich blühende Manufacturen

ren

ren und Fabriken auch einen blühenden Zustand der Landwirthschaft nach sich. Wenn sich die Arbeiter bey den Manufacturen und Fabriken vermehren und die Landleute folglich alle ihre Producte so fort guten Preises absetzen können; so erreget dieses den Fleiß der Landleute, daß sie ihren Boden auf das beste cultiviren und diese Producte in Menge zu erzeugen suchen. Dieser Ueberfluß von Producten ziehet sodann ihren wohlfeilen Preis nach sich. Es ist also ein Wechseleinfluß vorhanden, der zwischen beyden den allergenausten und engsten Zusammenhang veranlasset. Man findet daher gemeiniglich, daß die Aufnahme der Manufacturen und der Landwirthschaft mit gleichen Schritten fortgehen. Dieses beweiset das Beyspiel von England, wo die Landwirthschaft nach der Maasse zur Vollkommenheit gestiegen ist, wie die Manufacturen immer blühender geworden sind.

Der Einwurf, daß man Lebensmittel und Materialien kaufen könne, wird gehoben.

Man würde einen wenig gegründeten Einwurf vorbringen, wenn man sagen wollte, daß man sowohl das Getreide, als die Materialien zu den Manufacturen von andern Völkern für Geld erlangen kann. Zu geschweigen, daß dafür grosse Geldsummen ausser Landes gehen; so werden diese Dinge durch die Kosten der Herbeyschaffung allemal vertheuret, welches den Manufacturen und Fabriken gar nicht zuträglich ist, deren guter Fortgang hauptsächlich auf den wohl-

 fei-

feilen Preis der Arbeitsleute und der Materialien ankommt. Was aber noch mehr ist: so wird ein solches Land niemals genugsam gegründete Manufacturen haben. Sie werden allemal von andern Völkern abhängen und gleichsam nur Bittweise bestehen. Die geringsten Zwistigkeiten, die dieses Volk mit andern Staaten haben wird, werden seine Manufacturen hemmen, sowohl wenn andre Völker ihnen das Getreide und die Materialien vorenthalten, als wenn seine Feinde dessen Schifffahrt stöhren ([8]). Das Beyspiel der Königin Elisabet, welche die Ausfuhre der Wolle verbot, und, da sie bey diesem Verbote standhaft beharrete, viele Niederländische Fabricanten aus Mangel der Materialien nöthigte, die Niederlande zu verlassen und sich in England niederzulassen, lehret uns, wie schlecht gegründet solche Manufacturen sind, die in Ansehung der Materialien

([8]) Die Einwohner des Fürstenthums Neufchatel haben fast gar keine Landwirthschaft, sondern leben fast gänzlich von Handwerken, Fabriken und Manufacturen. Aber als im Jahre 1770 die Nachbaren die Ausfuhr des Getreides verbothen, so stieg der Preis des Septier von 240 Pfund Gewicht auf drey neue französische Louisd'or, und ohne den Schleichhandel und ohne die Vermittelung des Königs von Preussen, welcher dem Fürstenthum aus Piemont und aus der Pfalz Getreide verschafte, würden sehr viele für Hunger gestorben seyn. Man lese die von H. **Bernoulli** herausgegebene **Beschreibung des Fürstenthums Welsch-Neuenburg**. Berlin 1783. 8. S. 185. Auch vergleiche man meine **Beyträge zur Oekon. Technol. Polizey und Cameralwissensch.** I S. 89.

lien von andern Völkern abhängen (*). Man muß auch befürchten, daß diejenigen Völker, welche in den Materialien andrer Nationen arbeiten, künftig immer schlechter daran seyn werden. Ein jedes Volk lernet seinen Vortheil immer besser einsehen und suchet die Ausfuhre der rohen Waaren zu verhintern und solche selbst zu verarbeiten. Die Holländer, die so wenig eigene Materialien haben, müssen aus diesem Grunde für ihre Manufacturen eben so viel befürchten, als sie schon für ihre Commercien mit fremden Waaren erfahren haben. Kurz, es ist eine Wahrheit, die niemand läugnen kann, daß dasjenige Volk am allerstärksten ist, das die Beyhülfe andrer Völker am wenigsten bedarf; und es ist mithin ein Grundsatz einer jeden weisen Regierung, alle nur ersinnliche Maaßregeln und Anstalten zu ergreifen, daß alles mögliche im Lande selbst gewonnen werde, um so wenig, als es immer möglich ist, von andern Nationen abzuhängen. Aus diesem Grunde verdienet die Landwirthschaft, die zu dem blühenden Zustande der Manufacturen und Fabriken so viel beyträgt, die allergrößte Sorgfalt einer weisen

(*) Aber das Verboth der Ausfuhr Englischer Wolle war gewiß nicht die vornehmste Ursache dieses Erfolgs. Spanische Wolle, die besser als die Englische ist, war damals überall zu haben. Vielmehr ist die Ursache in den damaligen Fehlern der Regierung und in der einfältigen Religionsverfolgung zu suchen.

sen Regierung. Die Landwirthschaft ist jedoch in den meisten Staaten noch gar weit von ihrer Vollkommenheit entfernet. Sina und England sind vielleicht die einzigen Länder, wo man die Landwirthschaft auf einen grossen Punct der Vollkommenheit gebracht hat; und insonderheit verdiente die Landwirthschaft in England von andern Völkern mehr nachgeahmet zu werden als es geschiehet. Ich kann mich hier nicht einlassen die Mittel und Maaßregeln zu Verbesserung der Landwirthschaft vorzuschlagen. Dieser Gegenstand ist zu wichtig und weitläuftig, als daß er beyläufig abgehandelt werden könnte. Ich habe beschlossen, einen besondern Tractat von Verbesserung der Landwirthschaft zu schreiben, der vielleicht künftige Ostermesse erscheinen wird (10).

Sehr genauer Zusammenhang der Manufacturen mit den Commercien des Landes

Ich habe in dem vorhergehenden Abschnitte gezeigt, daß die Manufacturen und Fabriken der Grund blühender und dauerhafter Commercien sind. Man kann demnach von selbst leicht erachten, daß diese Nahrungsgeschäfte mit dem Commercienwesen des Landes in dem allergenauesten und engsten Zusammenhange stehen; und in der That, so wie die Manufacturen und Fabriken der Grund dauerhafter Commercien sind; so ist hingegen der Kaufhandel eines der größten Beförderungsmittel der Manufacturen und Fabriken. Wenn der auswärtige Ver-

(10) ist, so viel ich weis, nicht erschienen.

Vertrieb durch die Commercien nicht zu erhalten stehet; so ist es mit diesen Nahrungsgeschäften bald gethan. Der Manufacturier und Fabricant, wenn er seine Waaren nicht verkaufen kann, siehet sich bald genöthiget mit weiterer Verfertigung innen zu halten, so bald sein Verlag oder seine Hofnung des künftigen bessern Absatzes zu Ende gehet; und wenn die Commercien des Landes in schlechtem Stande sind, so daß die Haupt- und Nebenmaterialien der Manufacturen und Fabriken gar nicht, oder um hohen Preis zu erhalten sind; so leiden auch natürlicher Weise diese Nahrungsgeschäfte gar sehr darunter. Eine jede Hinterniß und Hemmung der Commercien empfinden also auch sofort die Manufacturen und Fabriken; und es kann weder bey den einen noch bey den andern etwas vorgehen, das nicht sofort seinen Einfluß in die andere Art der Nahrungsgeschäfte erstrecket. Dieses beweiset, wie gar enge das Band zwischen beyden ist. Unterdessen ist es gewiß, daß das Band zwischen beyden bey derjenigen Nation am allerengsten ist, die am meisten auswärtige Beyhülfe bedarf, davon wir kurz vorhin geredet haben. Dahingegen eine Nation, die alle Nothwendigkeiten, oder doch die meisten, selbst gewinnet, von der Hemmung der Commercien nicht so viel leidet.

In Ansehung dieses gar genauen Verhältnisses verdienen die Commercien eine grosse Sorgfalt und be-

Man muß demnach bey den Manufacturen auch beständig auf die Commercien sehen.

beständige Rücksicht in allen Maaßregeln bey den Manufacturen, und man darf weder bey dem einen noch bey dem andern eine Neuerung und Verbesserung vornehmen, ohne vorher sehr weislich zu überlegen, was solches für Einfluß und Wirkung bey der andern Art der Nahrungsgeschäfte haben werde. Ich will hier nicht die Mittel vorschlagen, wie die Ausfuhr und der Debit der Manufactur- und Fabrikenwaaren durch die Commercien zu befördern ist. Wir werden hiervon in dem folgenden Hauptstücke handeln, als woselbst die eigentliche Stelle davon ist. Ich kann auch hier nicht die Maaßregeln zur Aufnahme der Commercien vortragen. Dieses ist nicht unser Gegenstand allhier. So viel aber muß ich hier anmerken, daß wenn die Manufacturen und Fabriken ohne grosse Unterstützung und Beyhülfe der Regierung nicht gegründet und blühend werden können; so brauchen die Commercien nichts als Freyheit. So bald der Kaufmann etwas dabey gewinnen kann; so wird er sowohl die Manufactur- und Fabrikenwaaren ausführen, als auch alle ihre benöthigte Waaren kommen lassen. Die Freyheit ist die Seele der Commercien; und der Staat thut alles, was er zur Beförderung derselben thun kann, wenn er diese Freyheit, in so weit sie vernünftig ist und dem wahren Besten des Staats keinen Nachtheil verursachet, gestattet und ihnen keine Hindernisse im Weg leget. Die Aufnahme der Commer-

cien

cien kommt nicht sowohl auf Beförderungsmittel, als auf Wegräumung der Hinternisse an.

Man muß die Manufacturen nicht zum Nachtheil der Commercien unterstützen.

Insonderheit aber muß sich der Staat sehr hüten, daß er die Manufacturen und Fabriken nicht mit dem Nachtheile der Commercien unterstützet. Dieses ist ein sehr falsches Unterstützungsmittel. Da beyde Nahrungsgeschäfte so genau mit einander verbunden sind; so können die Commercien keinen Nachtheil leiden, daß er nicht auf die Manufacturen und Fabriken zurückfällt. Unterdessen habe ich in gar vielen Staaten wahrgenommen, daß man wirklich die Manufacturen und Fabriken mit dem Schaden der Kaufmannschaft unterstützet. Ich muß demnach hiervon etwas ausführlicher handeln.

Ob die Kaufleute die Manufacturen zu hintern suchen.

Seitdem man in Teutschland und in verschiedenen andern Staaten die Manufacturen und Fabriken zu gründen gesucht hat; so haben die Kaufleute fast allenthalben das Vorurtheil wider sich erreget, daß sie die Aufnahme der Manufacturen und Fabriken zu hintern suchen; und ich habe bereits in meiner Staatswirthschaft gestanden, daß dieses Vorurtheil nicht ungegründet ist, weil die Kaufleute bey den ausländischen Waaren mehr gewinnen und ihren grossen Gewinnst besser verbergen können, weil sie ausserhalb Landes eher Credit finden, als in den Niederlagen der Landesmanufacturen, und weil sie öfters die ausländischen Waaren auf Gegenhandlung und Gegenrechnung erhalten und mithin gedoppelt gewinnen können. Es ist gewiß, daß die Freyheit der Commercien, diese zärtliche Sache, alsdenn aufhöret, wenn sie zum Nachtheil des Staats gereichet; und man muß also die Kaufleute anhalten, daß sie den nachtheiligen Gewinnst an den ausländischen Waaren fahren lassen und sich an die innländischen halten müssen.

Man muß daraus nur gerechte Folgen ziehen.

Allein daraus folget weiter nichts, als daß man die Kaufleute in gerechten Schranken halten müsse: und man muß sich aus dem eingerissenen Vorurtheile nicht bewegen lassen, daß man die Kaufleute allzuhart halte und die Manufacturiers auf ihre Kosten und Nachtheil unterstützet. Es liegt dem Staate gar sehr daran, reiche und vermögende Kaufleute zu haben. Tausend dem Lande nützliche Unternehmungen müssen sonst nachbleiben. Man wird aber so wenig vermögende Kaufleute haben, daß vielmehr gar keine Kaufleute mehr vorhanden seyn werden, wenn man sie nicht gewinnen läßt. Der Gewinnst ist die einzige Triebfeder des Kaufmanns.

Die Landesmanufacturen müssen mit den ausländischen einerley Preis halten, wenn der Kauf-

Es ist schlechterdings nothwendig, daß die Manufacturen und Fabriken des Landes mit den ausländischen Waaren von eben der Art und Güte einerley Preis halten. Ausserdem ist es gar nicht möglich, daß der Kaufmann dabey bestehen kann. Er wird entweder nichts dabey gewinnen, oder, wel-

ches

ches auf einerley hinausläuft, er wird keinen Absatz haben. Man wende mir nicht ein, daß man schon die Einfuhre der fremden Waaren durch gute Maaßregeln hintern und die Unterthanen zum Verbrauch der Landeswaaren nöthigen kann. So bald der Unterschied in dem Preise der Waaren sehr merklich ist; so werden sich die Unterthanen die ausländischen ohngeachtet des Verbotes und aller Maaßregeln zu verschaffen wissen. Die allergrößte Strenge wird nur wenige Wirkung haben. Je strenger und sorgfältiger die Aufsicht ist, je mehr werden die kühnen unter den Unterthanen klügeln, um die Aufsicht dennoch zu hintergehen. Die Beyspiele in allen Ländern, insonderheit wo der Tobak und das Salz landesherrliche Einkünfte ausmachen und in sehr hohem Preise sind, beweisen dieses genugsam. Und bey dem allen ist es noch eine sehr grosse Frage, ob die Sache wichtig genug ist, die Unterthanen einer so äussersten Strenge zu unterwerfen, welche die natürliche Freyheit sehr über den Haufen wirft und viele Menschen unglücklich macht, und ob dieses mit den Begriffen von einer gütigen Regierung bestehen kann. Vor allen Dingen aber fragt es sich, ob keine andere Mittel vorhanden sind; und mich deucht, diese können nicht fehlen. Man muß nämlich die Manufacturen und Fabriken des Landes so lange auf Kosten des Staats unterstützen, bis sie mit den ausländischen Waaren gleicher Art und Güte einerley

mann bestehen soll.

ley Preis halten können und man muß den Ursachen, warum dieses zeither nicht geschehen können, so sorgfältig nachspüren und die Hinternisse mit solcher Application zu heben suchen, bis man es endlich zu dem verlangten Endzwecke gebracht hat. Es wird allemal für den Unterthan besser seyn, wenn er zu Unterstützung der Manufacturen und Fabriken etwas mehr contribuiret, als wenn er zu Verhütung der Einfuhre fremder Waaren der äussersten Strenge ausgesetzet ist. Es ist auch für seinen Beutel ganz einerley, ob er etwas mehr Abgaben entrichtet, oder ob er die Landesmanufacturen theurer bezahlen muß, da er sie ausser dieser grossen Strenge wohlfeiler erhalten könnte. Dieses Uebrige, was er mehr bezahlen muß, ist allemal so gut als eine Abgabe.

Den Manufacturen muß der einzelne Verkauf nicht gestattet werden.

Ich kann mich hier nicht in alle Umstände einlassen, womit man in verschiedenen Landen die Manufacturiers und Fabricanten zum Nachtheil der Kaufleute begünstiget. Dieses einzige will ich nur noch anführen, daß man in einigen Landen den Manufacturiers so gar den einzeln Verkauf ihrer Waaren gestattet. Man siehet leicht, wie sehr dieses den Kaufleuten zum Nachtheil gereichet. Der Tuchmacher, der Camelotmacher kann freylich eine Elle seiner Waare allemal wohlfeiler geben, als der Kaufmann, der damit handelt; und mithin ist es einerley, diese Erlaubniß den Manufacturiers zu

geben,

geben, oder diese Art von Kaufleuten gar abzuschaffen, weil sie weiter keinen Debit finden werden. Ich kann mich unmöglich überreden, daß dieses den guten Grundsätzen gemäß seyn sollte; und ich habe die Unrichtigkeit und Schädlichkeit dieser Maaßregeln in den Göttingischen Intelligenzblättern in einer besondern Abhandlung so überzeugend ausgeführet, daß ich einen gewissen Bedienten bey dem Commercien- und Manufacturwesen, welcher den Grundsatz hatte, daß alles, was ein jeder selbst verfertigte, er auch einzeln zu verkaufen befugt seyn müsse, und der diesen Grundsatz im Staate sehr geltend gemacht hatte, zum Beyfall bewogen habe. Meine Gründe in dieser Abhandlung, die ich hier nicht wiederholen will, kommen darauf an, daß die Erhaltung der Kaufleute dem Staate nothwendig und nützlich ist, daß je mehr eine Waare durch viele Hände gehet, je mehr Menschen dadurch ernähret werden und je vortheilhafter ist es für den Staat; daß dem Manufacturier der einzelne Verkauf selbst nachtheilig ist; weil er seine Verfertigung auf den einzeln Verkauf einschränken wird in Ansehung des in die Augen fallenden grössern Vortheils und daß er mithin dadurch sich abhalten lassen wird, auswärtigen Debit zu suchen und seine Manufactur in einem viel grössern Umfange und Erstreckung zu treiben, wodurch er mehrern Vortheil erlangen würde; und diese letztere Ursache ist auch sehr wichtig für den Staat,

weil

weil der blühende Zustand der Manufacturen hauptsächlich auf ihre Menge und auf die weitläuftige Erstreckung der angelegten Werke ankommt ([10]).

Zusammenhang der Polizey mit den Manufacturen und Fabriken.

Es ist keinem Zweifel unterworfen, daß nicht auch die Manufacturen und Fabriken einen genauen Zusammenhang mit der Einrichtung der Polizey im Lande haben. Ich rede hier nicht von der Polizey im weitläuftigen Verstande. In diesem Begriffe sind alle Maaßregeln zu Anlegung und Gründung der Manufacturen selbst nichts anders als Polizeyanstalten. Wir nehmen hier die Polizey im engern Verstande, wo sie die Erhaltung der Ruhe, der guten Ordnung, und der Gesundheit, die Abwendung der Unglücksfälle und den Zusammenhang aller Nahrungsarten und Gewerbe unter den Unterthanen zum Endzwecke hat; und man siehet leicht, wie viel gute Polizeyanstalten in diesen Dingen zu Beförderung der Manufacturen und Fabriken beytragen können. Besonders ist es eine der nothwendigsten Fürsorgen der Polizey in einem Lande, wo blühende Manufacturen und Fabriken seyn sollen, daß die Lebensmittel und andere zur menschlichen Nothdurft unentbehrlichen Dinge beständig in einem wohlfeilen Preise erhalten werden. Der Lohn der Arbeiter und folglich der wohlfeile Preis der Manufactur-

([10]) Man sehe Hrn. Büsch Schriften über Staatswirthschaft und Handlung, III S. 94.

tur- und Fabrikenwaaren hänget davon ab; und wir haben schon oben erinnert, daß der ausländische und innländische Vertrieb und mithin der gute Fortgang der Manufacturen hauptsächlich darauf beruhet. Die Polizey kann also in diesem Puncte niemals zu viel Fürsorge bezeigen. Eben so nöthig sind gute Feueranstalten und Feuerassecuranzsocietäten zur Aufnahme der Manufacturen und Fabriken. Der Fabricant wird dadurch vor diesen Unglücksfällen gesichert, die öfters das beste Werk zu Grunde richten; und es ist für den Staat nicht so leicht neue Werke wieder anzulegen, wenn eine wichtige Fabrike zu Grunde gegangen ist.

Zusammenhang des Finanzwesens mit den Manufacturen. Schädlichkeit grosser Abgaben.

Auch die Einrichtung des Finanzwesens im Lande hat mit den Manufacturen und Fabriken einen grossen Zusammenhang; und es kommt bey der Aufnahme derselben vielleicht mehr, als man es sich gemeiniglich einbildet, auf die Beschaffenheit der Abgaben im Lande an. Grosse und unerschwingliche Abgaben, unter deren Last die Unterthanen seufzen, sind vermögend allen Muth und Fleiß niederzuschlagen. Der Unterthan, in halber Verzweifelung, daß er siehet, wie ihm alle seine Arbeit nichts hilft, um sich die Bequemlichkeiten des Lebens zu verschaffen und Vermögen zu erwerben, weil die Grösse der Abgaben ihm nichts übrig läßt, verliehret endlich alle Lust zur Arbeitsamkeit. Da er einmal empfindet,

findet, daß er elend und unglücklich seyn muß, so wird er zu allem träge und nachlässig: und er suchet seine Glückseligkeit in der Faulheit und dem Müssiggange. Viele Staaten könnten Beyspiele an die Hand geben, daß eine grosse Härte der Regierung und unerschwingliche Abgaben ein vorher arbeitsames Volk gänzlich träg, faul und unthätig machen kann. Unterdessen ist es nicht sowohl die Grösse der Abgaben an sich selbst, welche die Arbeitsamkeit darnieder schlägt, sondern vielmehr die Ungleichheit und die üble Einrichtung in Hebung der Contributionen. Wenn die Vermögenden mit den Abgaben verschonet werden, wenn die ganze Last derselben auf das arbeitsame Volk fällt, wenn die Finanzen solchergestalt eingerichtet sind, daß dadurch die Arbeitsamkeit gehintert wird, so hat man sich in den Manufacturen wenig Fortgang zu versprechen und diejenigen, so bereits gegründet sind, werden bald aufhören. Der Kirchenstaat kann uns hier statt aller Beyspiele dienen, wie sehr die Arbeitsamkeit durch eine üble Einrichtung des Finanzwesens zu Boden geschlagen werden kann. Seitdem die päbstliche Kammer das Monopolium des Kornhandels an sich gezogen und daraus eine grosse Revenüe gemacht hat, indem die Unterthanen alle Früchte wohlfeil an sie verkaufen und sie der Kammer wieder theuer abkaufen müssen: so sind die fruchtbaresten Felder zu Wüsten und dieser Lustgarten von

Euro-

Europa einer Einöde gleich geworden. Eine der größten Geschicklichkeiten in dem Finanzwesen kommt darauf an, die Abgaben solchergestalt einzurichten, daß dadurch die Arbeitsamkeit immer mehr befördert werde (11).

Wenig Abgaben können gleichfalls einen schädlichen Einfluß haben.

Wenn grosse und unerschwingliche Abgaben den Fleiß und die Thätigkeit eines Volkes darnieder schlagen; so muß man jedoch daraus nicht auf den Gegensatz schliessen, nämlich, daß geringe und gar keine Abgaben die Arbeitsamkeit zu befördern an sich selbst vermögend wären. Eine solche Beschaffenheit kann vielmehr die entgegengesetzte Wirkung hervorbringen und in Verbindung mit andern Umständen die Faulheit und Trägheit des Volkes veranlassen. Ich habe diesen Satz schon in meiner Staatswirthschaft behauptet und mit guten Gründen unterstützet; und ich bin noch immer dieser Meynung, ob sie gleich einigen paradox scheinen mag. Die Menschen in ihrem natürlichen rohen Zustande neigen sich nur allzusehr zur Faulheit. Die Teutschen in ihren barbarischen Zeiten hielten es für eine Schande zu arbeiten; und der Freyherr von Hollberg in seiner dänischen und norwegischen Staatsgeschichte zeiget, daß auch die übrigen nordischen Völker ihre Glückseligkeit in der Faulheit und in Fressen und Saufen gesuchet

(11) S. Stewart von der Staatswirthschaft. Fünftes Buch.

suchet haben. Ihre Begriffe von einer künftigen Glückseligkeit liefen lediglich dahinaus; und sie erwarteten von ihrem Odin zur Belohnung ihrer Tapferkeit nichts als dergleichen Wohlleben. Dieser natürliche Hang der Menschen zur Faulheit zeiget sich demnach gemeiniglich, wenn sie ein fruchtbares Land bewohnen und wenig oder gar keine Abgaben haben. Da alsdenn der Lebensunterhalt bey weniger Arbeit nicht schwer wird: so haben die wenigsten Lust viel zu arbeiten. Es ermangelt demnach nicht allein die Arbeitsamkeit in den Manufacturen, sondern der Landmann cultiviret den Boden gar schlecht. Was er erzeuget, das verzehret er selbst, weil ihn die Abgaben nicht nöthigen baar Geld herbey zu schaffen. Die Städte haben also wenig Zufuhre; und der nöthige Zusammenhang zwischen den Manufacturen und der Landwirthschaft ermangelt folglich. Dahingegen muß er sich ungleich mehr regen, mehr Producte erzeugen und solche zu Gelde machen, wenn er ziemliche Abgaben zu bezahlen hat. Mittelmässige Abgaben sind also wohl der Arbeitsamkeit am zuträglichsten. Dieser Satz erfordert indessen eine Ausnahme bey einem unfruchtbaren Lande. Hier haben die Menschen ohnedem Mühe sich zu ernähren; und die Beschaffenheit, daß die Unterthanen wenig oder gar keine Abgaben haben, kann einem solchen Lande fast nur allein Bewohner verschaffen. Die Schweitz hat den grossen Fortgang, den sie in

diesem

diesem Jahrhunderte in den Manufacturen gemacht hat, grossentheils der Beschaffenheit zu danken, daß die Einwohner von allen Contributionen gänzlich frey sind.

Auf die Einrichtung der Abgaben kommt gar viel an.

Es ist hier nicht die Stelle, zu zeigen, wie die Abgaben, insonderheit bey dem Eingange und Ausgange der Waaren eingerichtet seyn müssen, wenn die Manufacturen und Fabriken in Aufnahme kommen sollen. Dieses gehöret zu den eigentlichen Beförderungsmitteln der Manufacturen und wird deswegen in dem folgenden Abschnitte seinen Platz finden. Allein wir können uns nicht entbrechen allhier in etwas zu zeigen, wie sehr es zu Beförderung der Manufacturen und Fabriken darauf ankommt, auf was für einen Fuß die Abgaben gehoben, oder auf was für Gegenstände sie geleget werden. Man hat nur dreyerley Gegenstände der Contributionen, die unbeweglichen Güter, die beweglichen Güter, oder die Waaren und die Personen der Unterthanen. Da die Abgaben von den unbeweglichen Gütern zu der Bedürfniß eines Staats fast niemals zureichen: so ist es eine sehr angelegentliche Frage, ob es dem Aufnehmen der Manufacturen zuträglicher ist, die Waaren, oder die Personen der Unterthanen bey den Abgaben zum hauptsächlichsten Gegenstande zu erwählen.

Die Accisen und Licenten vertheuern die Lebensmittel und sind mithin den Manufacturen schädlich.

Die Accisen, Licenten, Mauthen und Aufschläge, oder mit was für Namen sie sonst beleget werden, die nichts anders als eine Contribution auf bewegliche Güter oder Waaren und zwar insonderheit auf diejenigen sind, die im Lande verbrauchet werden, sind seit einem Jahrhundert eine gar beliebte Art der Abgaben in Europa geworden, die fast in allen Staaten eingeführet worden ist; und fast alle Cameralisten sind dafür eingenommen. Allein ich kann mich dem ungeachtet nicht überreden, daß sie eine dem Nahrungsstande und den Manufacturen und Fabriken vortheilhafte Art der Abgaben sind. Es ist wahr, diese Abgaben haben viel reizendes an sich, wenn man weiter auf nichts, als auf die Einkünfte des Staats sieht. Sie heben sich gleichsam von selbst ohne alle Strenge und Execution; und da sie gemeiniglich auf die unentbehrlichsten Dinge zur Nothdurft des Lebens geleget werden; so ist man versichert grosse Summen unfehlbar dadurch zu erheben. Allein wer siehet nicht, daß eben dadurch, daß die Accisen oder Licenten auf die unentbehrlichsten Lebensmittel geleget werden, nothwendig eine Vertheurung dieser Dinge daraus entstehen muß; und diese Vertheurung, die nothwendig einen höhern Lohn der Arbeiter und mithin auch einen theurern Preis der Waaren nach sich ziehen muß, ist vielleicht eine der allerschädlichsten Sachen wider das Aufnehmen der Manufacturen und Fabriken. Wir haben schon oben erinnert, daß sowohl der auswärtige Abgang auf den wohlfeilen Preis der Waaren ankommt; als daß auch der innerliche Verbrauch der Waaren mit der alleräusserſten Strenge schwerlich zu erzwingen ist, wenn die Manufacturwaaren des Landes gegen die auswärtigen von einerley Güte einen gar zu merklichen Unterschied des Preises haben.

Die Accisen stimmen überhaupt mit den guten Grundsätzen des Finanzwesens nicht überein.

Dieses ist es nicht allein, was die Accisen und Licenten verwerflich macht. Ich habe in dem sechsten Stücke der neuen Wahrheiten in einer ausführlichen Abhandlung gezeiget, daß diese Abgaben mit keinem einzigen Grundsatze übereinstimmen, den man vernünftiger Weise bey der Einrichtung der Contributionen zum Grunde legen muß, wenn man anders die Wohlfarth des Staats und die Aufnahme des Nahrungsstandes vor Augen haben will. Sie sind dem Grundsatze von der gerechten Gleichheit der Abgaben unter den Unterthanen nicht gemäß, weil diejenigen, so sparsam leben, oder sich an wohlfeilen Markttägen mit den Nothwendigkeiten versorgen, dadurch wenig betroffen werden, und weil diese Abgaben auf diejenigen, die schon von ihren Grundstücken Contributionen entrichtet haben, gleichfalls wieder und öfters am härtesten fallen. Sie sind dem Nahrungsstande nicht beförderlich, weil die strengen Visitationen und die dabey vorfallende Verzögerung den Gewerben hinterlich und nachtheilig sind. Sie sind keine gewissen und bestimmten Abgaben, worauf der Staat unfehlbare Rechnung machen kann, weil dabey die Betrügereyen der Unterthanen und der Unterschleif der Bedienten unmöglich vermieden werden kann: und sie müssen endlich mit viel grössern Unkosten erhoben werden, als andere Abgaben, weil dabey eine Menge von Aufsehern und Bedienten nöthig sind, so daß das Land zum Unterhalt derselben mit fast noch einmal so viel Abgaben beschwerct werden muß, als dadurch in die landesherrlichen Cassen eingehet. Wenn man alles dieses erwäget, welches ich in gedachter Abhandlung ausführlich vorgestellet und allen Einwürfen begegnet habe: so wird schwerlich ein vernünftiger Cameralist läugnen können, daß diese Abgaben dem Staate und insonderheit den Manufacturen und Fabriken wenig zuträglich sind; und die am gedachten Orte von mir vorgeschlagene Gewerbesteuer, die auf den Gewinnst der Gewerbe und die dabey anzuwendenden Personen eingerichtet ist, würde diese Nahrungsgeschäfte ungleich mehr befördern.

Der Einwurf von dem Beyspiel der Holländer wird gehoben.

Das Beyspiel der Holländer ist hierin für andre Staaten sehr verführerisch gewesen. Sie haben diese Art der Abgaben auf die zu verbrauchenden Waaren in viel stärkerer Maasse gehabt, als andre Staaten; und die Commercien und Manufacturen haben

ben dennoch dabey vortreflich geblühet. Allein man hat bey dieser Nachahmung nicht erwogen, daß sich Holland in ganz andern Umständen befunden hat, als andere europäische Staaten. Holland hatte eine grosse Menge Volkes, davon die wenigsten unbewegliche Güter besassen und sich dennoch reichlich ernähreten. Man mußte also bey den grossen Ausgaben des Staats in dem langwierigen und kostbaren Kriege mit Spanien auf andre Arten der Abgaben denken. Auf diese oder jene Art der Consumptibilien eine Abgabe zu legen, war der leichteste Weg die Einkünfte des Staats zu vermehren, der am wenigsten Schwierigkeiten fand, weil diese Abgaben im Anfange sehr geringe waren. Es ist wahrscheinlich, daß die Staaten anfangs selbst nicht daran gedacht haben einen allgemeinen Contributionsfuß daraus zu machen. So wie sich die Bedürfnisse des Staats vermehrten, so mußten sie nach und nach diese Abgaben erhöhen und auf alle andre Arten der Consumptibilien erstrecken, weil dieser Weg einmal gebahnet und leicht war. Diese Abgaben wurden nicht eher stark und beschwerlich, als bis ihre Commercien und Manufacturen überaus blühend waren. Da sie in vielen Zweigen der Commercien das Monopolium hatten: so fielen ihnen diese Abgaben nicht nachtheilig. Der Preis hieng von ihrer Willkühr ab; und andre Völker mußten ihnen ihre beschwerlichen Abgaben zu Hause übertragen helfen. Unterdessen waren diese Abgaben ihrem Nahrungsstande allemal schädlich. Dieser Schade aber wurde nicht eher merklich, als bis andre Völker sich gleichfalls stark auf die Commercien legten; und man kann sicher behaupten, daß diese Beschaffenheit der Abgaben gar viel zu dem Verfall ihres Handels beygetragen habe. Andere Völker würden niemals im Stande gewesen seyn, ihnen diesen und jenen Zweig der Handlung zu entreissen, wenn sie nicht ihre Waaren wohlfeiler als die Holländer hätten geben können, welche, mit ihnen gleichen Preis zu halten, wegen der starken Abgaben auf die nothwendigsten Dinge des Lebens und andre Waaren, nicht im Stande waren. Ueberdieß waren die Holländer über die Maassen der Sparsamkeit ergeben. Sie suchten ihren Pracht und Vorzug in einer übertriebenen Reinigkeit der Häuser und in andern Dingen, worauf keine Abgaben hafteten. Von dieser Sparsamkeit sind andre Völker weit entfernet; und ehe sich die vermögenden Einwohner anderer Länder durch starke Abgaben auf die nothwendigsten Dinge zu einer solchen Sparsamkeit zwingen liessen; so würden sich vielleicht viele nach andern Ländern umsehen, wo sie ihre verschwenderische Lebensart mit wenigern Kosten fortsetzen könnten. Diese sparsame Lebensart, welche dem Zustand der Holländer sehr gemäß ist, weil sie den größten Theil ihrer Nothwendigkeiten von andern Völkern einkaufen sen müssen, ist der Wohlfarth andrer Staaten, welche die meisten Güter des Lebens selbst erzeugen, nicht einmal zuträglich. Ein sparsamer Unterthan ist in Betracht des Zusammenhanges eines blühenden Nahrungsstandes der allerunnützlichste, weil er, so viel an ihm ist, andern Unterthanen die Nahrung entziehet und verursachet, daß der Staat weniger bevölkert seyn kann. Ein Staat, der viele Landesproducte erzeuget, wird allemal am besten blühen, wenn seine Einwohner sehr fleissig, aber wenig sparsam sind. Nur die Verschwendung, die mit Faulheit verknüpfet ist, schadet dem Lande. Wenn die Einwohner einer Stadt oder Landes wenig arbeiten und doch wohl leben wollen; so hat dieses sehr schädliche Folgen, insonderheit auf die Manufacturen, weil in einer solchen Stadt alles theuer werden muß; indem jedermann für seine wenige Arbeit dennoch viel Geld haben will, um seiner Verschwendung eine Genüge leisten zu können. Allein, wenn die Einwohner fleissig sind und dabey verschwenden: so hat dieses auf den Nahrungsstand und die Manufacturen die glücklichsten Folgen, weil dadurch ein grosser Zusammenfluß von Waaren entstehet und alle Theile und Zweige der Gewerbe belebt werden, Umstände, worauf ihr blühender Zustand allein ankommt. Wenn demnach einige geglaubt haben, daß die Accisen und Licenten deshalb anzupreisen sind, weil jedermann seine Sparsamkeit dabey zu statten kommt; und es derjenige, der viel aufwendet und mithin viel entrichtet, sich selbst und seinem freyen Willen beyzumessen habe: so würde ich dieses vielmehr für einen Fehler in der Einrichtung der Abgaben, als für einen Vorzug halten. Die gerechte Gleichheit in den Abgaben muß sich auf das Vermögen und den Gewinnst eines jeden Unterthans, nicht aber auf ihre Sparsamkeit oder Verschwendung gründen. Man würde vielmehr Ursache haben auf Abgaben zu sinnen, wodurch die Unterthanen von der Sparsamkeit in Verbrauch der Landesproducte und Waaren zurückgehalten werden könnten (12).

Ueber-

(12) Was der Verf. hier und im ersten Theile seiner **politischen und Finanzschriften** wider die Accise gesagt hat, ist zum Theil wahr. Aber man muß dabey bedenken, daß sich gar keine Steuer oder Abgabe erdenken läßt, welche nicht einige Nachtheile oder Unbequemlichkeiten hätte; daß ferner die Accise auch unleugbare grosse Vortheile hat, die ihre Nachtheile überwiegen, und daß einige von letztern sich, wenn nicht ganz aufheben, doch wenigstens sehr vermindern lassen. Viele Klagen entstehen nur aus ihrer fehlerhaften Einrichtung. Schriften für und wider die Accise findet man angezeigt in Hrn. Geh. Just. R. **Pütter** Litteratur des teutschen Staatsrechts 3 S. 363. H. von Justi schrieb in Hofnung, die von ihm vorgeschlagene Gewerbsteuer desto mehr zu empfehlen, je mehr er die beliebteste unter den bisherigen Steuern verdächtig machen würde. Aber seine Gewerbsteuer läßt sich mit einiger Genauigkeit und Billigkeit unmöglich einrichten. Uebrigens ist die Lehre von den Steuern viel zu verwickelt, als daß sie sich auf so wenigen Bogen genugsam aus einander legen liesse.

Ueberhaupt muß man sagen, daß die Abgaben in einem Lande wohl eingerichtet sind, wenn sie mit dem gesammten Nahrungsstande einen genauen Zusammenhang haben. Das Geld ist das Blut des Staats, so wie die Regierung das Herz desselben ist. Durch die Abgaben wird das Blut in das Herz geführet; und ein wohleingerichteter Aufwand der Regierung treibet das Blut wieder in die Adern zurück. Die Arbeitsamkeit ist die Wärme, welche die Lebhaftigkeit dieses Umlaufs befördert; und ein Staat kann nur nach dem Verhältnisse gesund oder glücklich seyn, als diese Triebfeder des Umlaufs wohl beschaffen ist und als die Aufsteigung des Blutes nach dem Herzen und der Ausfluß aus dieser grossen Blutkammer in allen Theilen oder Adern das richtigste und auf das beste zusammenhängende Verhältniß haben. Die grosse Kunst des Cameralisten und die Weisheit in Einrichtung der Finanzen, kommt demnach darauf an, daß die Abgaben die Arbeitsamkeit befördern, das Genie der Unterthanen zu nützlichen Gewerben aufmuntern und zu dem Verbrauch und der Ausführung der Landesproducte anreizen. Vielleicht sind die Abgaben in den wenigsten Landen also eingerichtet. Allein diese Einrichtung ist gar nicht unmöglich. Der vortrefliche Colbert hat schon diese Grundsätze zum Theil mit dem glücklichsten Erfolge angewendet. Es ist hier nicht der Ort, wo wir ausführlich davon handeln können.

Allgemeine Vorstellung von dem Einflusse der Abgaben in das Wohl des Staats

Von dem Zusammenhange des Münzwesens mit den Manufacturen.

Wir kommen nunmehr auf den Zusammenhang des Münzwesens mit den Manufacturen und Fabriken: und man siehet schon aus den vorhergehenden Gedanken, wie genau das Verhältniß zwischen beyden ist. Wenn das Blut in dem Cörper wohl circuliren soll; so müssen diese Adern ein gesundes Geblüt in sich haben; und wahrhaftig, wenn die Münzen des Landes schlecht beschaffen sind: so kann man sich so wenig blühende Manufacturen und Fabriken, als andere blühende Theile des Nahrungsstandes versprechen. Man mag das Geld als vorstellende Zeichen von den Waaren, oder als einen wirklichen allgemeinen und höchsten Werth und Vergütungsmittel aller Güter ansehen, Begriffe die keinesweges gleichgültig sind, weil daraus gar verschiedene Sätze in dem Münzwesen folgen; so kommt dennoch allemal die Lebhaftigkeit der Circulation darauf an, daß man versichert ist, man könne diese Zeichen oder dieses allgemeine Vergütungsmittel in eben dem Verhältniß wieder ausgeben, als man es empfangen hat. Allein diese Zuversicht ermangelt bey einem schlechten Münzwesen. Wenn es auch möglich wäre, daß man schlechte Münzen im Lande ohne das verderbliche Agio in eben dem Werth wieder ausgeben könnte; so wird es uns doch allemal bey den Ausländern fehlen, sie in eben dem Verhältnisse anzubringen, und dieses ziehet nothwendig entweder die Vertheurung der Waaren oder das

das Agio auch im Lande nach sich. Ein jedes Mißtrauen hemmet die Circulation des Geldes, so wie das Schrecken das Geblüt stockend macht. Bey einem schlechten Münzwesen aber ereignen sich beständig vielerley Arten des Mißtrauens, so wohl in Ansehung der Veränderungen der Münzen selbst, die zum Vorschein kommen, als des Wechselcurses; und eine jede Hemmung der Circulation, sie sey so klein und unmerklich als sie wolle, hat allemal einen nachtheiligen Einfluß in den Nahrungsstand. Die Manufacturen und Fabriken leiden insonderheit dabey, nicht allein weil die Ausländer ihre Waaren mit der schlechten Landesmünze bezahlen, sondern weil die Arbeiter mit ihrem Lohn bey der Vertheurung der Lebensmittel nicht bestehen können. In der That ist es ein wahrer Verlust so wohl für das Land, als den Regenten selbst, wenn schlechte Münzen gepräget, und fremdem geringhaltigem Gelde der Eingang gestattet wird; und es ist einer der allerschädlichsten Wege, wodurch nicht allein die Ausländer allemal gewinnen, sondern auch die Commercien des Landes auf vielerley Art Schaden leiden. Es ist dieses bey Gelegenheit des jetzigen Münzverderbens in Teutschland in verschiedenen Schriften und insonderheit in einem Tractat: **Ursachen des verderbten Münzwesens in Teutschland** (13), gründ-

(13) Diese zu Leipzig 1755 in 4. gedruckte Schrift ist selbst von H. v. Justi, der sich aber nicht genant hat.

gründlich gezeiget worden, deren Gründe zu wiederholen allhier zu weitläuftig seyn würde.

Von dem Umlaufe der Papiere statt des Geldes.

Wenn der Nahrungsstand blühen und die Circulation des Geldes stark und lebhaft geschehen soll; so muß eine genugsame Menge Geldes in den Gewerben vorhanden seyn. Da nicht alle Staaten die darzu erforderliche Menge Geldes gehabt haben; so ist man darauf gefallen, statt des Geldes Papiere circuliren zu lassen. Dieses sind nichts anders als vorstellende Zeichen des Geldes; und man muß eben daraus schliessen, daß der Begriff, nach welchem man das Geld als vorstellende Zeichen der Güter ansiehet, nicht allzurichtig ist. Denn vorstellende Zeichen von vorstellenden Zeichen ist ein wenig widersinnisch; wie denn auch der Begriff, daß das Geld das Vergütungsmittel aller Güter sey, allein der Begriff ist, der zu richtigen Sätzen in dem Münzwesen führet. Man muß gestehen, daß die Erfindung, vorstellende Zeichen des Geldes zu machen, eine sehr glückliche Erfindung ist. Die Summe des Geldes im Lande wird dadurch gleichsam noch einmal so stark vermehret und diese Vermehrung thut bey einem vollkommenen Credit dieser Papiere in der Circulation eben die Dienste, als wenn sie wirklich geschehen wäre. Unterdessen ist doch dieses Mittel nur in dem Fall der Nothwendigkeit anzurathen, nämlich, wenn die circulirende Summe nicht groß genug ist, oder wenn der Staat Schulden hat; da es denn die Pflicht einer weisen Regierung ist, diesen Schuldscheinen einen vollkommenen Credit und Circulation zu verschaffen, um einen an sich selbst eben nicht vortheilhaften Umstand dem Staate und dem Nahrungsstande nützlich zu machen. Es ist dieses in allem Betracht ein gewaltsames Arzneymittel, das mit grosser Behutsamkeit und Ueberlegung anzuwenden ist, und es würde eben so thöricht seyn, ohne Noth vorstellende Zeichen des Geldes zu machen, als wenn man sich zum Spaß trepaniren oder fremdes Blut in seine Adern sprützen liesse. Es können sich verschiedene Umstände und Zufälle ereignen, daß aus einer solchen unnöthigen Verwegenheit sehr schädliche Folgen entstehen.

Vollkommner Credit, den diese Papiere haben müssen.

Es kommt bey diesen vorstellenden Zeichen alles darauf an, daß sie beständig in dem allervollkommensten Credit erhalten werden; und so lange dieses geschiehet: so haben sie in der Circulation des Geldes und mithin in allen Zweigen des Nahrungsstandes den vortreflichsten Nutzen. Allein so bald dieser Credit sinket: so haben sie weit betrübtere Folgen, als sie vorher Nutzen gehabt haben. Es ist eben das, als wenn ein heftiger Blutsturz auf einmal eine grosse Menge Geblüt aus dem Körper herausstösset. Die Circulation des Geldes wird allenthalben gehemmet und alle Gewerbe leiden auf das empfindlichste, insonderheit aber die Manufac-

turen

turen und Fabriken. Da die Kaufleute und Entreprenneurs diese vorstellenden Zeichen nicht weiter an den Mann bringen können; so haben sie keine Mittel ihre Arbeiter zu bezahlen, davon folglich ein grosser Theil ausser Nahrung und Brod gesetzet werden; und die Sache kann so weit gehen, daß die blühendesten Manufacturen und Fabriken einen Stoß leiden, davon sie sich nicht wieder aufhelfen können. Man hat schon in verschiedenen Landen die Folgen davon gesehen; und England stand einstmals in Gefahr, alle betrübte Wirkungen davon zu sehen, wenn man nicht schleunige Hülfsmittel angewendet hätte. Diese Folgen sind auch so leicht einzusehen, daß ich glaube, ein Minister könne seine grobe Unwissenheit und gänzliche Unfähigkeit zu seinem Amte auf keine stärkere Art zu Tage legen, als wenn er den Credit der Papiere des Staats in Verfall kommen läßt. Es kann keine Noth des Staats so groß seyn, daß er die Sorgfalt, diesen Credit zu erhalten, aufgiebt. Denn anstatt dadurch in einer andern Noth Hülfe zu erhalten; so wird die Noth des Staats immer grösser, weil alle diejenigen, so diese Papiere in Händen haben, zufallen, um ihr Geld zu erhalten. Dahingegen, wenn er den Credit aufrecht erhält; so hat er eben dadurch in allen andern Nöthen des Staats tausenderley Hülfsmittel. Wenn er also auch in Geheim die Juwelen des Regenten und sein eigenes Vermögen an-

wenden

wenden ſollte, um die Intereſſen von den Schuldſcheinen des Staats zu entrichten, oder den Bancogläubigern, die bey beſondern, Furchterweckenden Umſtänden ihre Papiere bezahlet haben wollen, auszuzahlen, als welche Mittel allemal zu Erhaltung des Credits zureichen: denn ſo bald die Banco in dergleichen Umſtänden auszuzahlen anfängt; ſo werden die übrigen nicht weiter auf die Bezahlung dringen; ſo muß er dieſe Mittel nie zu empfindlich halten. Sie ſind eine unumgängliche Nothwendigkeit; oder man muß von ſeiner Fähigkeit und von ſeinem Willen die Wohlfahrt des Staats zu befördern und die äuſſerſte Noth zu verhüten ein ſchlechtes Urtheil fällen (14).

Eben

(14) Staatsobligationen, Bankzettel u. d. haben eine ſo mannigfaltige Würkung auf das Wohl der Staaten überhaupt, und der Gewerbe insbeſondere, daß dieſe unmöglich ſo kurz, als hier verſucht iſt, beſtimmet werden kan. Einen gründlichern Unterricht hierüber liefern, auſſer **Stewarts** und **Smiths** bekanten Büchern, noch folgende: Pinto *traité de la circulation et du credit*, wovon eine gute Ueberſetzung den erſten Theil der zu Liegnitz 1776. in 8. gedruckten **Samlung von Aufſätzen, die die Staatswirthſchaft betreffen**, ausmacht. Der andere Theil, deſſen Verf. ſich nicht genant hat, gehört ebenfals hieher; denn er handelt von auſſerordentlichen Mitteln, bey groſſen Bedürfniſſen des Staats, Geld zu erhalten. Auch gehört hieher **Mortimer** Grundſätze der Handlungs- Staats- und Finanzwiſſenſch. Leipz. 1781. 8. und **Hr. Büſch** Abhandlung von dem Geldumlauf. Hamb. 1780. 8.

Einfluß des Credits in die Manufacturen.

Eben diese Grundsätze geben uns endlich auch zu erkennen, in was für genauer Verbindung der Credit überhaupt mit dem Wohlstande der Manufacturen und Fabriken stehet. Nicht allein der allgemeine Credit der Nation, welcher auf die Papiere des Staats und auf den guten Glauben der Nation bey andern Völkern ankommt, muß aufrecht erhalten werden; sondern der besondere Credit im Lande erfordert eben so viel Sorgfalt. Der besondere Credit bestehet in der Leichtigkeit und dem Zutrauen, womit die Gewerbetreibenden Personen einander ihr Vermögen anvertrauen; und man siehet leicht, was für Einfluß dieses in den Wohlstand der Manufacturen und Fabriken haben muß, deren blühender Zustand erfordert, daß ihre Waaren häufig und öfters aus einer Hand in die andere gehen. Dieser besondere Credit kommt auf gute Wechselrechte und auf eine schleunige und unpartheyische Handhabung der Gerechtigkeit an, davon ich in den Grundsätzen der Polizey und in andern Schriften weitläuftiger gehandelt habe.

Drit-

Dritter Abschnitt.

Von Anlegung und Gründung der Manufacturen und Fabriken.

Nachdem wir in den vorhergehenden Abschnitten sowohl die Nothwendigkeit und den Nutzen der Manufacturen und Fabriken, als auch ihren Zusammenhang mit den gesammten Verfassungen und Beschaffenheiten des Staats gezeiget haben; so kommen wir nun auf die wichtige Materie von Anlegung und Gründung dieser Nahrungsgeschäfte. Da dieses das Hauptaugenmerk in der gegenwärtigen ersten Abtheilung ausmacht, woran den Lesern am meisten liegen wird; so finden wir für nöthig, die darin vorkommenden Materien zuförderst wohl aus einander zu setzen. Man siehet leicht, daß es hier auf zweyerley Hauptbetrachtungen ankommt. Wir müssen uns nämlich zuförderst um die Maaßregeln und Anstalten bekümmern, die bey Anlegung und Gründung der Manufacturen und Fabriken erfordert werden; und sodann müssen wir erwägen, was für Beförderungsmittel nöthig sind, um diesen Maaßregeln und Anstalten einen glücklichen Fortgang zu ver-

Eintheilung dieses Abschnittes in zwey Hauptstücke.

verschaffen. Dieses giebt also Anlaß, daß wir diesen Abschnitt in zwey Hauptstücke eintheilen, in welchen wir die gemeldeten zwey Hauptbetrachtungen vortragen wollen.

Erstes Hauptstück
des dritten Abschnittes, von den Maaßregeln und Anstalten zu Anlegung und Gründung der Manufacturen und Fabriken.

Man muß diejenigen Manufacturen zuerst anlegen, wofür das meiste Geld ausser Landes gehet.

Wir haben oben gezeiget, daß die Manufacturen und Fabriken einem Lande nothwendig und nützlich sind. Man muß dieses von allen Arten derselben ohne Unterschied behaupten. Eine jede erspahret den Ausfluß des Geldes aus dem Lande; eine jede kann zu auswärtigen Commercien und mithin zu Bereicherung des Landes dienen und eine jede beschäftiget die Hände der Unterthanen mit nützlicher Arbeit und verschaffet ihnen Nahrung und Unterhalt. Eine weise Regierung muß demnach den grossen Grundsatz haben, alle und jede Arten der Manufacturen und Fabriken, die nach Beschaffenheit des Landes und der Himmelsgegend

nur

nur immer möglich sind, im Lande anlegen zu lassen. Allein, wenn es noch im Lande mit den Manufacturen und Fabriken, ausser den gemeinen unumgänglichen Handwerken, ziemlich leer aussiehet; so kann man nicht auf einmal alle und jede Manufacturen zugleich anlegen. Man muß mit einigen den Anfang machen; und da fragt es sich, welche vor andern den Vorzug verdienen. Man kann hierauf kurz antworten, daß man die nothwendigsten Manufacturen und Fabriken zuerst anlegen muß. Diejenigen Manufacturen und Fabriken sind aber allemal am nothwendigsten, für welche das meiste Geld ausser Landes gehet. Der grosse Endzweck der Manufacturen und Fabriken beruhet lediglich darauf, diesen Ausfluß des Geldes zu verhüten. Wenn aber einige Arten von Manufactur- und Fabrikenwaaren das Geld ziemlich in gleicher Maasse ausser Landes ziehen: so verdienet diejenige Art den Vorzug, durch welche die meisten Menschen ernähret werden können. Die Nahrung und der Unterhalt der Einwohner ist dasjenige, was nach dem Ausfluß des Geldes die meiste Aufmerksamkeit verdienet. Unterdessen muß man allemal auf den grössern Ausfluß des Geldes zuerst sehen. Der Ausfluß des Geldes ist das eigentliche Uebel und die Krankheit des Staats, welche das Land arm und endlich selbst zu Anlegung dieser Nahrungsgeschäfte unfähig macht. Man muß aber zuerst die Krankheit des Körpers heben, ehe die Glieder desselben ihre gehörigen Verrichtungen antreten können.

Auf was Art sich die Regierung diese Kenntniß erwerben muß.

Es ist deswegen unumgänglich nöthig, daß die Regierung wissen muß, für welche Arten der Waaren das meiste Geld ausser Landes gehet. Die Kenntniß aller Umstände muß allemal vorhergehen, wenn man heilsame Maaßregeln ergreifen will. Es kann der Regierung nicht schwer fallen, diese Kenntniß zu erlangen. Die Zölle, die zur Direction und Einsicht in den Zustand der Commercien allemal nothwendig seyn würden, wenn man auch nicht den Endzweck auf die Einkünfte des Staats richtete, müssen hier den nöthigen Unterricht an die Hand geben; und gleichwie ein wohleingerichtetes Zollwesen erfordert, daß auch diejenigen Waaren und ihr Werth in den Zollregistern verzeichnet seyn müssen, die bey dem Ein- oder Ausgange nichts entrichten; so muß die Kenntniß aus den Zollregistern allerdings zuverlässig seyn. Zu dem Ende müssen alle Jahre von den ein- und ausgehenden Waaren und ihrem Werth der Regierung aus den Zollregistern richtige Extracte vorgelegt werden, die in Tabellen gebracht werden können, damit der Regent und seine Minister alles auf einmal übersehen können. Es ist gewiß, daß man schwerlich die allergenaueste Richtigkeit von den aus- und eingehenden Waaren aus den Zollregistern erwarten kann, weil viele Zollbetrügereyen

reyen vorgehen und der wahre Werth der Waaren öfters verschwiegen wird. Allein eine sehr genaue Richtigkeit ist auch hier nicht nöthig. Man wird doch allemal sehen, welche Waaren das meiste Geld ausser Landes ziehen; und wenn man glaubt, daß es nöthig ist, die Sache mit einer genauern Richtigkeit zu wissen; so kann man den Zollregistern mit andern Untersuchungen zu Hülfe kommen. Man kann z. E. die Kaufleute, Handwerker und alle andere Unterthanen einige Jahre hindurch anhalten, daß sie bey Ende eines jeden Jahres ein Verzeichniß eingeben müssen, was für Waaren sie aus andern Ländern haben kommen lassen, wie viel eine jede an Werth beträgt, und was ein jeder an Landeswaaren in auswärtige Staaten ausgeführet und verkaufet hat. Diese Verzeichnisse müssen von den Obrigkeiten in Tabellen gebracht und daraus allgemeine Tabellen und Extracte über eine jede Provinz gemacht werden. Dieses Verfahren muß nicht zu mühsam scheinen. Die Regierung kann niemals gegründete Maaßregeln in den Commercien und Manufacturen ergreifen, wenn sie nicht eine sehr genaue Kenntniß von dem Zustande derselben hat. In den Preussischen Landen hat man diese Verzeichnisse vor einigen Jahren wirklich eingeben lassen. Ja man ist gar so weit gegangen, daß man einen jeden Hauswirth hat aufzeichnen lassen, was er für Waaren aus andern Preussischen Provinzen hat kommen lassen

sen und wieder von den Waaren der Provinz in andre Preussische Staaten verführet und verhandelt hat. Auch dieses ist eine nützliche Verfügung. Die Regierung muß nicht allein die Beschaffenheit des auswärtigen Handels genau kennen, sondern sie muß auch die Stärke des Handels wissen, den eine Provinz mit der andern treibet. Alsdenn tappet sie nicht im Finstern und ihre Maaßregeln sind nicht auf gerathe wohl ergriffen; ein gemeiner, aber grosser Fehler vieler Regierungen und dem man es vielleicht am meisten beymessen muß, wenn viele Anstalten einen schlechten Fortgang haben.

Sodann muß man zuförderst geschickte Leute und Arbeiter zu den Manufacturen kommen lassen.

Wenn man nun also diejenigen Arten von Manufacturen und Fabriken weiß, auf deren Anlegung man am ersten bedacht seyn muß; so muß man zuförderst bemühet seyn, Leute und Arbeiter herbeyzuschaffen, welche die Anlegung und Verfertigung solcher Manufacturen genugsam verstehen. Da man hier voraussetzet, daß ein solches Land noch wenig oder gar keine Manufacturen und Fabriken hat; so müssen diese Leute fast allemal aus auswärtigen Landen verschrieben werden, wo die anzulegenden Manufacturen in Flor sind; und man muß in solchen Landen jemanden haben, der geschickte und ehrliche Leute auszusuchen im Stande ist. Man muß hauptsächlich auf zweyerley Arten von Leuten sein Augenmerk richten, nämlich auf gemeine Arbeiter und auf

Leute,

Leute, welche eine Manufactur oder Fabrike, oder diesen oder jenen besondern Theil derselben zu dirigiren wissen. Diese leztern, worauf es hauptsächlich ankomt, müssen nicht allein das Wesentliche einer Manufactur oder Fabrike in allen darzu erforderlichen Arbeiten, sondern auch die öconomische Einrichtung derselben genugsam verstehen. Es finden sich zwar von selbst öfters viel Leute ein, wenn es bekannt wird, daß man auf Anlegung von Manufacturen und Fabriken bedacht ist. Allein, ob ich zwar nicht dafür halte, daß man solche Leute abweisen soll; so muß man sich doch auf solche niemals allein verlassen. Solche Ankömmlinge sind gemeiniglich Ebentheurer, die mehr von sich ausgeben, als sie zu leisten im Stande sind; und es ist bey vielen neuangelegten Fabriken eine Ursache ihres Unterganges gewesen, daß man die Direction und Einrichtung solchen Leuten anvertrauet hat, die sich von selbst eingefunden haben. Man muß zur ersten Gründung Leute haben, die selbst in ihrem eigenen Lande dafür bekannt sind, daß sie der Einrichtung eines solchen Werkes vorstehen können, oder geschickte Arbeiter sind, und zu Erlangung derselben muß man sich keine Kosten dauren lassen. Wenn man einmal solche Leute hat; so werden auch diejenigen, die sich von selbst melden, brauchbar seyn; weil sie von den ersten geprüfet werden können, ob sie zu demjenigen, was sie von sich rühmen, geschickt sind.

Man muß die Eingebohrnen zu Hülfe nehmen und sie von den Fremden unterrichten lassen.

Man muß sich die Kosten zu Erlangung solcher Leute nicht ausserordentlich groß vorstellen. Man braucht deren nur wenige aus auswärtigen Landen zu verschreiben. Ein guter Theil andre werden sich von selbst melden; und es giebt in einem jeden Lande Eingebohrne, die durch einen kurzen Unterricht in den Stand gesetzet werden können, daß sie bey den neuanzulegenden Manufacturen und Fabriken brauchbar sind. Z. E. Wenn man Seidenmanufacturen anlegen wollte; so wird es selten in einem Lande so schlecht aussehen, daß nicht Bordenwirker und Leineweber darin vorhanden seyn sollten. Ein jeder Bordenwirker und Leineweber aber, der einen offenen Kopf hat, besonders aber wenn der letztere leinenen Damast zu weben verstehet, muß durch einen vierwöchentlichen Unterricht dahin gebracht werden können, daß er bey den besten und künstlichsten Seidenmanufacturen brauchbar ist. Eben so können offene Köpfe von den Schlössern und Schmieden des Landes gar leicht unterrichtet werden, um bey allen Arten von Fabriken, die in Feuer arbeiten, mit gebrauchet zu werden. Ja es ist so gar eine der allernothwendigsten Maaßregeln, daß man die Landeseinwohner auf das baldigste unterrichten läßt, damit die neuangelegten Werke nicht eingehen, wenn die Fremden das Heimweh bekommen, oder allzuunbillige Forderungen machen; und zu dem Ende müssen den Fremden nicht allein erwachsene Landeseinwoheinwohner obgedachtermaassen zu Gehülfen gegeben, sondern ihnen auch viele junge Lehrlinge von guten Fähigkeiten untergeben werden. Beyde, wenn sie aufmerksam sind, werden sich gar bald von allen Arten der Arbeiten auf das vollkommenste unterrichten können, weil die fremden Beyarbeiter, dazu sie allenthalben Gehülfen brauchen, schwerlich etwas zurückzuhalten im Stande sind. Unterdessen muß man allemal den Fremden wohl begegnen und sich durch keine listigen Wendungen und Vorspiegelungen der Eingebohrnen bewegen lassen, ihnen Verdruß zu verursachen und übel mitzuspielen. Dieses muß ein hauptsächliches Augenmerk der Minister seyn; und man muß den Fremden eher etwas nachsehen, als ihnen übel begegnen, weil ein Hof, der blühende Manufacturen und Fabriken zu Stande bringen will, nichts so sehr zu vermeiden hat, als daß ein übles Geschrey in andern Landen von der Begegnung gegen die Fremden entstehet (15). Man wird bey einem solchen Geschrey sehr schwer in andern Vorfällen geschickte Leute erhalten können. Wenigstens wird man alsdenn sehr hohe und beschwerliche Bedingungen zugestehen müssen. Wenn auch

(15) Einige catholische Länder haben noch in neuern Zeiten den groben Fehler und die grosse Ungerechtigkeit begangen, daß sie den fremden ins Land gerufenen Künstlern die Religionsfreyheit versprochen, aber bald nachher nicht gestattet haben. Solche Beyspiele solten billig in allen protestantischen Ländern zur Warnung bekant gemacht werden.

auch die Fremden versichert sind, daß man sie nicht durch Verdruß und Beleidigungen dahin bringen wird, in ihr Vaterland zurück zu gehen, so bald man sie nicht mehr nöthig zu haben glaubet; so werden die Fremden keine Ursache haben in ihrem Unterricht der Landeseinwohner zurückhaltend zu seyn.

Bey den Manufactur-Gebäuden muß man die grossen Kosten vermeiden.

Nachdem man die zu Anlegung der Manufacturen und Fabriken nöthigen geschickten Leute bey der Hand hat; so entstehet gemeiniglich die Frage von den darzu erforderlichen Gebäuden; und hier hat man in gar vielen Landen den Fehler begangen, daß man gleich Anfangs zu diesem Ende grosse und kostbare Gebäude aufgeführet hat. Gleichwie ich die allgemeine Anmerkung gemacht habe, daß man in den meisten Landen bey solchen neuen Anstalten mehr auf dasjenige siehet, was in das Auge fällt und in auswärtigen Landen Aufsehen macht, als daß man das Hauptaugenmerk auf das Gründliche und Wesentliche richten sollte; so hält man es für eine Art der Schande, wenn ein solches neues Werk nicht auch äusserlich glänzen sollte. Es ist aber dieses wirklich ein grosser Fehler. Zu geschweigen, daß einiger Jahre Zeit versplittert wird, ehe man mit solchen grossen Gebäuden zu Stande kommt; so gehet dadurch ein grosser Theil des Capitals ausser Händen, das zu Anlegung solcher neuen Anstalten bestimmt ist; und wenn hernach der Nachdruck in

dem

dem Aufwande fehlet, oder die Fabriken die aufgewendeten grossen Kosten nicht verinteressiren; so geräth das ganze Werk ins Stocken, oder man beschuldiget die Manufacturen und Fabriken selbst, daß sie nach den Umständen des Landes nicht einträglich und vortheilhaft sind, da man doch nichts als den unrechten Maaßregeln die Ursache des schlechten Fortganges beyzumessen hat. Ueberhaupt ist die Aufwendung grosser Kosten wider das Wesen und den Endzweck dieser Nahrungsgeschäfte. Der gute Fortgang der Manufacturen und Fabriken kommt auf den inn- und ausländischen Debit an. Der Debit hängt, wie wir mehrmalen erinnert haben, von dem wohlfeilen Preis der Waaren ab. Wenn man aber grosse Kosten aufwendet; so will man dieselben verinteressirt haben; und folglich muß nothwendig eine Vertheurung der Waaren entstehen. Es gehöret demnach nothwendig unter die guten Maaßregeln, daß man in Ansehung der Gebäude, so viel möglich, die Kosten schonet. Man wird allenthalben alte, aber noch gute Gebäude zu kaufen bekommen können, die mit wenigen Kosten zu dem vorhabenden Endzwecke eingerichtet und in brauchbaren Stand gesetzet werden können. Bey gutem Fortgange der Fabriken können solche Gebäude allemal erweitert und mithin das Werk mehr ausgebreitet werden; und dieses ist allemal sicherer, als wenn bey dem Verfall der Fabrike ein grosses Gebäude unnütz

wird

wird und nichts als den leeren Namen eines wohlgemeynten, aber übelveranstalteten Unternehmens übrig behält. Erfordern diese oder jene Arten der Fabriken schlechterdings gleich anfangs einen grossen Umfang; so wird man allemal grosse Gebäude im Lande finden, die entweder zu kaufen stehen, oder die dem Landesherrn gehören und wenig Nutzen haben. Es ist in verschiedenen Landen ein grosser Ueberfluß von landesherrlichen Schlössern und Häusern. Jedes Amt ist fast mit einem solchen herrschaftlichen Gebäude versehen, darunter es viele giebt, die der Landesherr kaum einmal in seinem Leben ein paar Tage bewohnet. Solche überflüssigen Gebäude sind ohnedem wider die guten Grundsätze des Finanzwesens. Sie erfordern viel Kosten, um sie im baulichen Wesen zu erhalten; und überdieß wird gemeiniglich ein besondrer Bedienter besoldet, der in dem Gebäude wohnet und die Aufsicht darüber hat. Der vorletzte König von Preussen, der eine sehr grosse Einsicht in das Finanzwesen hatte, hat sich solcher Gebäude um ein geringes entlediget; und er hat gewiß guten Grund darzu gehabt. Zu was für einem nützlichern Endzweck könnten sie aber wohl angewendet werden, als sie zu Manufacturen und Fabriken zu gebrauchen, welche dem Lande Nahrung und Reichthum verschaffen?

In was für Orten und Gegenden

Es ist gar nicht gleichgültig in welchen Orten und Gegenden des Landes die Manufacturen und

Fabri-

Fabriken angeleget werden. Die gute Grundregel ist: da muß eine jede Art der Manufacturen und Fabriken angeleget werden, wo die größten Bequemlichkeiten und Vortheile mit den wenigsten Kosten für dieselbe zu haben sind. Diese Grundregel erschöpfet die ganze Sache. Man muß auf die Nähe der Materialien sehen und z. E. Wollenmanufacturen werden in einer Gegend zu errichten seyn, wo die beste Schaafzucht ist; so wie metallische Fabriken an solchen Orten anzulegen sind, wo die Metalle und Bergwerksproducte in der Nähe sind; dahingegen wenn man mit fremden Materialien arbeitet, ein Ort zu erwählen ist, welcher die Bequemlichkeit der Schifffahrt hat. Man muß auch auf die Bequemlichkeit sehen, wo die Arbeiter in Menge und in wohlfeilem Preis zu haben sind. Zuweilen erfordert ein Nebenumstand viele Aufmerksamkeit, z. E. ob das Wasser zu der Fabrike dienlich ist, wie bey den Färbereyen, Stahlmachen und dergleichen allerdings erwogen werden muß, wiewohl ich glaube, daß dieser leztere Umstand durch die Kunst zu verbessern ist, wenn ein Ort diesen Vortheil nicht hat. Hat ein Ort diesen, ein andrer aber jenen Vortheil; so müssen diese Vortheile gegen einander berechnet werden, um zu entscheiden, welcher wichtiger ist. Ohne solche Berechnungen wird man allemal im Finstern tappen. Es fragt sich auch, ob diesem oder jenem Orte die ermangeln-

des Landes die Fabriken anzulegen sind.

de Bequemlichkeit durch Fleiß und Mühe nicht verschaffet werden kann. Z. E. dieser Ort hat die Materialien in der Nähe, es scheinen aber die Arbeiter zu fehlen, deren insonderheit bey den Spinnereyen eine grosse Menge erfordert werden. Da fragt es sich, ob dieser leztere Umstand nicht gehoben und die Landleute zur Spinnerey angewöhnt werden können. Ich glaube allerdings. Die ungemein beträchtliche Cattunfabrike auf der Schwechat, einige Meilen von Wien, die mehr als 10000 Menschen ernähret, hat Anfangs mit diesem Puncte grosse Mühe gehabt. Jezt spinnen die Landleute in einem Districte von vielen Meilen so gern, daß sie zuweilen nicht alle Arbeit bekommen können. Es kommt nur darauf an, daß sie ihren damit verbundenen Vortheil begreifen lernen.

In der Residenzstadt muß man die Manufacturen nicht anlegen.

Meines Erachtens muß die Haupt- und Residenzstadt der leztere Ort seyn, auf welchen man bey Anlegung der Manufacturen und Fabriken denket; und man muß ausser ganz besondern Umständen auf alle Art vermeiden, sie daselbst anlegen zu lassen. In der Hauptstadt des Landes ist es allemal ungleich theurer, als in allen andern Gegenden, sowohl in Ansehung der Hausmiethe, als der Lebensmittel. Die Arbeiter müssen also theurer bezahlt wereen und dieses vertheuret die Waaren, welches dem guten Fortgang dieser Nahrungsgeschäfte

gerade

gerade zuwider ist, wie mehrmalen erinnert worden. Ueberdieß hat die Hauptstadt durch den Aufwand des Hofes und einer grossen Menge von Staatsbedienten und durch den Zusammenfluß der Fremden aus andern Landen und aus allen Provinzen, die den Hof suchen, ohnedem schon Nahrung genug. Es ist aber eine sehr nothwendige Maxime eines weisen Regenten, daß er die Nahrung und die Circulation des Geldes allenthalben in seinen Staaten gleich zu verbreiten suchet. So bald das Geblüt in dem geringsten Theile des menschlichen Körpers stocket; so leidet der ganze Körper; und eben so leide tder Körper des Staats, wenn es auch in den entferntesten Gegenden an genugsamer Nahrung und Umlaufe des Geldes mangelt. Die natürlichen Gaben und Vortheile dieser Gegenden werden solchen Falls keinesweges recht genutzet; und sie tragen zu den Kräften des Staats bey weitem nicht so viel bey, als sie thun könnten. Ich habe hiervon in meiner Staatswirthschaft gehandelt und verschiedene Mittel gezeiget, wodurch ein weiser Regent sich bemühen muß, auch in den entferntesten Provinzen eine genugsame Menge Geldes zur Circulation zu bringen, worunter die Manufacturen und Fabriken eines der vornehmsten sind. Es ist wahr, diese Nahrungsgeschäfte ziehen sich sehr leicht nach der Residenzstadt. Die Fremden, welche man zu Anlegung und Verwaltung dieser Werke in das Land kommen läßt, wohnen lieber in der Hauptstadt; die Bedienten des Staats, welche die Direction und Oberaufsicht dabey führen, wollen sie gerne in der Nähe haben; und in der Hauptstadt finden sich allemal eher vermögende Leute, welche dergleichen Werke unternehmen, die natürlicher Weise gern dabey gegenwärtig seyn wollen, ohne daß sie Lust haben, aus der Hauptstadt wegzuziehen. Die Residenzstadt hat für die meisten Menschen gar viele Reizungen. Das sind in der That wichtige Ursachen, die gemeiniglich wider die guten Grundsätze die Oberhand behalten, ob man gleich diese Grundsätze gar wohl weiß. Allein ein weiser Regent und weise Minister müssen dennoch wider alle diese Versuchungen standhaft seyn. Die guten Grundsätze zu verstehen, standhaft dabey zu beharren und dieselben wohl in Ausübung zu bringen, dieses ist es, was einen Staat glücklich macht (16).

Die Schwierigkeiten Manufacturen in Landstädten anzulegen, können gehoben werden.

Ich läugne nicht, daß sich öfters sehr grosse Schwierigkeiten entgegen stellen, wenn man die Manufacturen und Fabriken an andern Orten, als in der Hauptstadt, einrichten will. Allein ich läugne, daß diese Schwierigkeiten unüberwindlich sind. So

(16) Weil die Englischen Seidenmanufacturen meistens in London sind, so ist ihr Preis, bey gleicher Güte, um ein Drittel höher, als der Preis der Französischen Seidenwaaren. **Taube** bemerkt sehr richtig, daß dieß eine Mitursache ist, warum die Französischen Manufacturen die Englischen ruiniren.

So groß öfters die Schwierigkeit zu seyn scheinet, in einer Gegend genugsame Arbeiter zu den Manufacturen zu finden; so läßt sich solche doch durch Fleiß und gute Maaßregeln heben, wie wir oben durch das Beyspiel der grossen Oesterreichischen Cattunfabrike gezeiget haben. Noch grösser aber scheinet die Schwierigkeit zu seyn, wenn die Landstädte, die sonst zu Anlegung der Manufacturen und Fabriken geschickt wären, eine so schlechte Beschaffenheit haben, daß auf ihre Markttäge, die nur dem Namen nach vorhanden sind, nicht einmal genugsame Victualien zum Unterhalt der Fabrikenarbeiter kommen. Unterdessen ist auch diese Schwierigkeit nicht unüberwindlich. Es ist gewiß, daß ein weiser Regent alles ausrichten kann, was er nur will, wenn er nur die gehörigen Maaßregeln ergreifet und anwendet. Man kann einer solchen Landstadt allerdings die benöthigte Zufuhr verschaffen, wenn man den umliegenden Landleuten einen schweren Zoll auflеget, so bald sie ihre Victualien wo anders hinführen, als in diejenige Stadt, wohin man die Zufuhr verschaffen will. Damit aber die Landleute sich nicht zu beschweren haben, daß sie ihre Victualien in dieser Stadt nicht loswerden können, welches die gemeine Ausflucht ist, wenn man eine noch ungewohnte Zufuhr an einen gewissen Ort ziehen will; so muß man ein Magazin veranstalten, welches nach 10 oder 11 Uhr dasjenige um den Marktpreis aufkaufet, was noch unverkauft vorhanden ist. Diese Maaßregeln wird man nur eine kurze Zeit nöthig haben; so wird sich die Zufuhr auf beständig dahin ziehen, zumal wenn die angelegten Manufacturen und Fabriken in Aufnahme kommen und mithin immermehr daselbst consumiret wird.

Ob der Regent selbst auf seine Rechnung und Gewinnst Manufacturen anlegen soll.

Wir kommen nun auf die Entrepreneurs der Manufacturen und Fabriken: und da fragt es sich zuförderst, ob der Regent selbst auf seine eigne Rechnung und Gewinnst dergleichen Werke anlegen soll. Man braucht nur eine geringe Kenntniß in den guten Grundsätzen zur Aufnahme der Staaten zu haben; so muß man diese Frage mit Nein beantworten. Die Glückseligkeit der Unterthanen und mithin der Wohlstand des Regenten selbst, denn beyde sind von einander unzertrennlich, beruhet auf blühender Nahrung und Gewerben. Diese muß der Regent befördern. Allein er muß nicht selbst Nahrung und Gewerbe treiben. Nichts ist einem blühenden Nahrungsstande so sehr entgegen, als eben dieses. Wenn der Regent selbst in seinem Lande der Generalkaufmann, Manufacturherr, Apotheker, Weißbierbrauer, Brannteweinbrenner, Schäfer und dergleichen ist, wie verschiedene teutsche Fürsten angefangen haben; so kann er zwar seine Unterthanen nöthigen, daß sie ihm seine Waare abnehmen, aber niemals wird er es dahin bringen, daß die Ausländer

der mit ihm handeln, und daß durch seine Unternehmungen Geld in das Land kommt. Er kann es vielleicht durch grossen Fleiß und Aufsicht und durch den willkührlich gesetzten Preis seiner Waaren erzwingen, daß er selbst Vortheil davon hat, aber seine Unterthanen werden desto ärmer und elender seyn; und dann ist er allemal auch ein armer Fürst, er mag noch so grosse Schätze besitzen. Er ist alsdenn zwar ein reicher Privatmann, aber nichts weniger als ein reicher Fürst. Ueberdieß pflegen dergleichen Unternehmungen auf Rechnung und Gewinnst des Regenten gar selten einen glücklichen Fortgang zu haben. Viele Fürsten haben es mit dem Schaden ihrer Kammer oder ihrer Chatoulle erfahren, daß man niemals wohl thut, die guten Grundsätze ausser Augen zu setzen. Die Directeurs solcher fürstlichen Manufacturen und Fabriken wollen starke Besoldungen haben, sind vielleicht auf ihren Nebenvortheil bedacht und wenden dennoch nicht so viel Fleiß und Aufsicht an, als ein Eigenthümer, dessen Schaden und Vortheil von seiner Aufmerksamkeit abhängt. Die Arbeiter und alles denkt, daß es auf Rechnung des Fürsten gehet; und das ist gemeiniglich ein Bewegungsgrund weniger zu arbeiten und mehr auf ihren eigenen Vortheil zu sehen. Ausser einer ganz besondern Aufmerksamkeit des Fürsten selbst gehen demnach dergleichen Unternehmungen allemal zu Grunde. Ja ich weiß Beyspiele, daß

Privatpersonen wichtige Fabriken gehabt haben, die für sie sehr einträglich gewesen sind. Dieses ist ein Bewegungsgrund für die Finanzminister gewesen, die Hand darnach auszustrecken; und man hat die Eigenthümer genöthiget, solche dem Regenten käuflich zu überlassen. Allein sie sind nicht so bald ein Eigenthum des Regenten geworden, als diese vorher blühenden Fabriken in Abnahme und Verfall gerathen sind, und man hat sich genöthiget gesehen, solche entweder gar aufhören zu lassen, oder mit grossem Verlust wieder an Privatpersonen zu verkaufen. Die Ursachen des Verfalls sind vorhin gezeiget. Alles was der Regent thun soll, ist, daß er Manufacturen und Fabriken anleget, bloß sie im Lande zu gründen und in Gang zu bringen. Dieses ist eine löbliche Fürsorge und Unternehmung, zumal wenn es schwer hält, im Lande Entrepreneurs zu finden. Allein so bald sie in Gang gebracht sind und bestehen können; so muß er sie an Privatpersonen überlassen, wenn er guten Grundsätzen gemäß verfahren will.

Zu Bedürfniß des Kriegsheeres kann der Regent Fabriken anlegen.

Wenn es zu rechtfertigen ist, daß der Regent selbst auf seine Rechnung Manufacturen und Fabriken anlegt; so ist es zu Verfertigung der Nothwendigkeiten für sein Kriegsheer. Hier ist der Regent selbst Haushälter; und es kann einem Haushälter nicht verdacht werden, wenn er seine Nothwendigwendigkeiten selbst verfertigen läßt. Ueberdieß, wenn er hier durch eine gute Wirthschaft etwas ersparen kann; so ist es so gut, als erspahret er seinen Unterthanen etwas, weil sie desto mehr Abgaben entrichten müssen, je mehr die Unterhaltung des Kriegsheeres Aufwand verursachet. Wenn er die Nothwendigkeiten für sein Kriegsheer einkauft; so haben einige seiner Unterthanen Nahrung und Gewinnst dabey. Allein wenn er durch Anlegung eigner Manufacturen und Fabriken etwas an dem Aufwande erspahret; so gewinnen dabey alle seine Unterthanen in Ansehung der Verminderung der Abgaben. Es kann auch dem unerlaubten Vortheile, welche die Regiments- und Compagnie-Commendanten, oder die Lieferanten, und gemeiniglich beyde zugleich in vielen Landen dabey machen und wodurch entweder der Monarch, oder der arme Soldat, hintergangen wird, auf keine beßre Art vorgebeuget werden, als wenn der Regent diese Nothwendigkeiten selbst verfertigen läßt. Unterdessen werden dabey eine grosse Aufsicht und kluge Maaßregeln erfordert. Denn wenn die Directeurs solcher Anstalten gleichfalls ihren eignen unerlaubten Vortheil dabey ziehen, so ist es allemal besser sich der Lieferanten zu bedienen, weil der Reichthum eines Kaufmanns oder eines Manufacturherrn mehr Einfluß in einen blühenden Nahrungsstand hat, als der Reichthum eines Bedienten des Staats. Zu dem Ende ist es anzurathen, daß der Regent zwar überhaupt die Anstalt unterhält und die Materialien anschaft, daß er aber die Arbeit Admodiationsweise an den wenigst fordernden verdinget, z. E. daß er für die Verfertigung eines Rohrs zum Feuergewehr, für eine Säbelklinge, für eine 12pfündige Kanone zu giessen und zu bohren, für eine Elle Tuch zu machen und zu färben u. s. w. so und so viel bezahlet, als man Licitationsweise mit ihm übereingekommen ist. Diese Anstalten können alsdenn viel genauer übersehen und die Nachlässigkeit und der Unterschleif vermieden werden (17). Ich habe auch schon in meiner Staatswirthschaft erinnert, daß die Direction der Manufacturen und Fabriken zum Behuf des Kriegsheeres allemal besser den Finanzcollegiis als den Kriegsbedienten überlassen wird, weil zu vermuthen ist, daß die erstern die öconomische Einrichtung viel besser verstehen, als die leztern. Wenigstens wenn eine vermischte Direction von Finanz- und Kriegsbedienten darzu verordnet wird; so müssen die Kriegsbedienten nur die Direction in Ansehung der Qualität der zu verfertigenden Dinge,

(17) Nur in dem Falle, wenn die Verfertigung der Kriegsbedürfnissen so grosse und kostbare Anstalten fodert, daß sie keine Privatperson anlegen kan oder will, mag sie der Landesherr anlegen; aber auch alsdann wird es am besten seyn, die ganze Anstalt einem geschickten Manne zu übergeben, und mit demselben einen Admodiationscontract zu schliessen.

Dinge, die Finanzbedienten aber die Haushaltung dabey haben.

Wenn es demnach guten Grundsätzen nicht gemäß ist, daß der Regent selbst auf seine Rechnung und Gewinnst die Manufacturen und Fabriken anleget: so fragt es sich, welche Art der Unternehmer hier am dienlichsten und nützlichsten sind. Ich gestehe gern, daß wenn diese Nahrungsgeschäfte einmal im Lande vollkommen gegründet und blühend sind; so kann es dem Regenten ganz gleichgültig seyn, wer sich damit abgiebt und sein Vermögen in diese Unternehmungen waget. Allein ein ganz anderes ist es, wenn die Manufacturen und Fabriken erst angeleget und eingeführet werden sollen. Der glückliche Fortgang dieser neuanzulegenden Werke hänget gar sehr von der Beschaffenheit der Unternehmer ab; und da zu einem guten Erfolg in diesen neuanzulegenden Werken es schlechterdings nöthig ist, daß sie die Regierung unterstützet; so fragt es sich, was für Leuten die Regierung diese Unterstützung angedeihen lassen soll, wenn sie sich davon einen glücklichen Fortgang und die Erreichung ihres Endzwecks versprechen soll. Es können hier dreyerley Arten von Unternehmern statt finden; es kann nämlich 1) ein einzelner Entrepreneur eine Manufactur und Fabrikenwerk unternehmen, eine grosse Menge von Arbeitern unterhalten, oder einzelne Meister verlegen. Auf eben diese Art kann 2) eine Manufac-

Die Manufacturen und Fabriken können dreyerley Arten der Unternehmer haben.

tur und Fabrike von einer ganzen Gesellschaft unternommen werden; und 3) können viele einzelne Meister in solchen Manufactur- und Fabrikenarbeiten vorhanden seyn, die sich alle selbst verlegen, ohne von einem einzelnen Entreprenneur oder einer Gesellschaft abzuhängen. Einen jeden von diesen drey Wegen wollen wir besonders untersuchen, um zu bestimmen, welcher davon zu einem glücklichen Fortgang der Manufacturen und Fabriken am vortheilhaftesten ist, und daher die Unterstützung der Regierung am meisten verdienet.

1) Ein einzelner Entreprenneur einer Manufactur oder Fabrike ist nicht anzurathen.

Man hat zwar in verschiedenen Landen den Weg erwählet, die Manufacturen und Fabriken durch einzelne Entreprenneurs, die man von Seiten der Regierung unterstützet hat, anlegen zu lassen; und in der That wenn der Entreprenneur die erforderliche Kenntniß und Fähigkeit hat, wenn er klug, fleissig und haushältig ist; so ist dieses der kürzeste Weg, bald und schleunig etwas ansehnliches von Manufacturen und Fabriken zu Stande zu bringen. Allein ich glaube dem ungeachtet nicht, daß dieser Weg sehr anzurathen ist, wenn es angehet auf den beyden andern Wegen zu eben diesem Endzwecke zu gelangen. Wenigstens ist es allemal ein unsicherer Weg; und so lange die Manufacturen und Fabriken in den Händen solcher einzelner Entreprenneurs sind; so kann man nicht sagen, daß diese

Nah-

Nahrungsgeschäfte genugsam im Lande gegründet sind. Tausenderley Zufälle können denselben so fort ein Ende machen. Wenn sich die Regierung in dem Vertrauen auf die Geschicklichkeit des Entrepreneurs geirret hat, wenn er bey aller seiner Geschicklichkeit keine gute öconomische Einrichtung des Werkes verstehet; wenn er kein fleissiger und thätiger Mann ist; so wird die Fabrike einen schlechten Fortgang haben, und die Unterstützung der Regierung wird vergeblich aufgewendet seyn. Allein, wenn auch das Werk anfangs einen guten Fortgang zu haben scheinet; so schwillt eben durch diesen guten Fortgang öfters der Hochmuth des Entrepreneurs auf. Er will grosse Titel haben und sich sehen lassen; er fällt in Verschwendung, Dinge, die sich nur gar zu oft ereignet haben; und er ziehet sich seinen Untergang zu, wobey nicht allein der Vorschuß der Regierung verlohren gehet, sondern auch die Fabrike öfters selbst ihren Untergang findet; indem nicht so gleich Leute bey der Hand sind, die sie fortsetzen wollen und können. Ja wenn auch dieses sich nicht ereignet; so macht öfters der Tod des Entrepreneurs der Fabrike ein Ende, indem seine Kinder und Erben entweder eine andere Lebensart ergriffen, oder nicht die Geschicklichkeit ihres Vaters und Erblassers haben. Kurz, alle Vorfälle, die den Entrepreneur zu Boden werfen, setzen auch die auf diese Art errichteten Manufacturen und Fabriken in Gefahr, weil sie bloß auf die Person desselben gegründet sind. Ueberdieß wollen dergleichen Entreprenneurs fast allemal auf keine andere Art ihr Vermögen in dergleichen Unternehmungen wagen, wenn sie nicht Monopolia oder andere Freyheiten erhalten, welche der Anlegung andrer Fabriken dieser Art im Wege stehen und mithin den blühenden Zustand dieser Nahrungsgeschäfte verhintern. Was aber am meisten zu erwägen ist; so schneiden gemeiniglich dergleichen Entreprenneurs den Meistern und Arbeitern den Lohn so knapp zu, daß sie kaum das Leben kümmerlich durchbringen können. Dieses verhintert, daß weder fremde geschickte Arbeiter in dem Lande sich etabliren, noch sich die Landeseingebohrnen diesen Nahrungsgeschäften ergeben. Länder und Nahrungsarten, wo nichts zu gewinnen ist, werden nicht stark gesuchet. Wenn man alles dieses erwäget; so darf man schwerlich erwarten, daß man auf diesem Wege zu einem blühenden Zustande der Manufacturen und Fabriken gelangen wird.

2) Gesellschaften zur Anlegung sind nur bey den Fabriken, nicht aber bey Manufacturen anzurathen

Wenn man sich statt der einzelnen Entreprenneurs der Gesellschaften bedienet, um solche Werke unternehmen zu lassen; so hat man alles dieses weit weniger zu befürchten. Wenn sich viele vermögende Leute in eine Gesellschaft mit einander vereinigen, um eine wichtige Fabrike anzulegen; so können sie eher ein ansehnliches Capital zusammenbrin-

gen.

gen. Wenn hier ein Mitglied zu Grunde gehet; so schadet dieses der Fabrike nichts, indem dessen Stelle leicht wieder ersetzet wird. Eine solche Gesellschaft stirbt niemals aus. Viele Augen können allemal mehr als zwey Augen sehen. Wenn ein Mitglied, welches die Sache genugsam verstehet, die Hauptdirection führet; so werden die andern ihres eignen Vortheils wegen die Bücher und die Haushaltung fleissig nachsehen. Die Erfahrung hat auch bereits in verschiedenen Landen genugsam gezeiget, daß die von solchen Gesellschaften unternommenen Werke einen viel bessern Fortgang gehabt haben, als die Unternehmungen einzelner Entrepreneurs. So lange die obgedachte österreichische grosse Cattunfabrike einzelne Entrepreneurs gehabt hat: so hat es nie mit derselben recht fortgewollt. Allein unter der jetzigen Gesellschaft ist sie gar bald in einen sehr blühenden Zustand gekommen. Ich verstehe aber hier eine eingeschränkte Gesellschaft, die sich über 6 bis 8 Personen nicht erstrecket. Wenn man bey solchen Werken eine Menge von Interessenten nach Art der Actien zuläßt, wo keiner das Recht hat sich um die Haushaltung des Werkes zu bekümmern, ausser auf den allgemeinen Zusammenkünften; so kommt alles auf die Geschicklichkeit, den Fleiß und die Ehrlichkeit der Directeurs an; und es werden weise Einrichtungen und Gesetze erfordert, wenn diese auf solche Art unternommenen

Werke

Werke einen guten Fortgang haben sollen. Unterdessen will ich solche Gesellschaften nicht ohne alle Einschränkung anrathen. Ich glaube, daß sie nur bey den Fabriken im eigentlichen Verstande dienlich sind, oder kurz nur bey allen solchen Werken, wo eine einzige grosse Fabrike zureichend ist, sowohl das Land zu versorgen, als auch auswärtige Commercien damit zu treiben. Bey den Manufacturen und allen andern Werken, deren Waaren nicht allein sehr stark im Lande consumiret werden; sondern womit auch ein ausgebreitetes auswärtiges Commercium statt finden kann, würden solche Gesellschaften vielweniger anzupreisen seyn. Eine solche Gesellschaft kann ihr Werk niemals zu einer solchen Grösse erweitern, daß sie sowohl das Land versorgen, als auch Waaren zu wichtigen auswärtigen Commercien liefern kann; und gemeiniglich erstrekken sie selbst ihre Absicht nicht weiter als auf den Debit im Lande. So groß die mehrerwähnte österreichische Cattunfabrike ist und ungeachtet in Hollitsch in Ungarn noch eine andere gleichfalls sehr wichtige Cattunfabrike sich befindet; so können sie doch nicht genugsame Waaren für die österreichischen teutschen Lande liefern. Es muß den Kaufleuten erlaubet werden, noch jährlich einige tausend Stücke fremden Cattun einzuführen. Will man von andern Gesellschaften in eben derselben Art der Manufacturen mehr solche Werke errichten lassen; so entstehet allemal ein solcher Neid, Haß und Feindschaft unter ihnen, daß sie einander nichts als Hinternisse in Weg zu legen suchen, die beyden gleich schädlich und verderblich sind. Wenigstens würde ich also niemals rathen, die Seiden-, Wollen- und Leinewandmanufacturen, als deren Waaren ein überaus grosses Consumo haben, durch solche Gesellschaften anlegen zu lassen.

3) Viele Meister und Manufacturiers, die sich selbst verlegen, sind bey Wollen Seiden- u. Leinenmanufacturen am dienlichsten.

Bey diesen Arten von Manufacturen wird demnach der dritte Weg am dienlichsten seyn, nämlich daß man dieselben durch viele einzelne Meister und Manufacturiers anzulegen und zu gründen suchet, die weder von einem einzelnen Entreprenneur, noch von einer Gesellschaft abhängen, sondern die sich selbst zu verlegen im Stande sind; und in der That ist dieses die allerbeste Art, welche dem Staate am vortheilhaftesten ist. Alle diese drey Arten von Manufacturen erfordern nichts weniger, als daß sie in weitläuftigen Anstalten getrieben werden, so wie viele Fabriken, die in Feuer arbeiten, allerdings nothwendig machen, wenn sie mit Vortheil getrieben werden sollen. Es ist ganz einerley, ob hundert Tuchmacher jährlich 4000. Stück Tuch verfertigen, oder ob diese 4000. Stück Tuch in einer einzigen zusammenhangenden Anstalt gearbeitet werden. Weder in dem einen noch in dem andern Falle kann die Arbeit mit grösserem Vortheil, Bequemlichkeit und

Er-

Erleichterung geschehen. Hundert Tuchmanufacturiers machen aber eine viel dauerhaftere Gründung dieses Nahrungsgeschäftes aus, als eine einzige grosse Tuchfabrike, die durch vielerley Zufälle einen grossen Stoß bekommen und zu Grunde gehen kann; dahingegen diese Befürchtung bey hundert Tuchmachern um hundertmal geringer ist. Es ist auch für den Staat und den Nahrungsstand allemal ungleich vortheilhafter, wenn hundert Familien im Wohlstande und guter Nahrung sind, als wenn diese hundert Familien in Elend und Dürftigkeit leben, und dagegen der Vortheil von ihrer Arbeit einer einzigen Familie, oder einer Gesellschaft von 6 oder 8 Familien zufliesset. Wenn man es auch dahin bringet, daß sich diese Manufacturiers selbst verlegen können und von ihrem Fleiß und Arbeit mit Bequemlichkeit leben können; so ist es eben dieses Beyspiel, was andre anreizet, sich auf eben diese Nahrungsart zu legen. Dadurch wird ein grösserer Zusammenfluß von Arbeitern und Waaren veranlasset; und das ist es eben, worauf der blühende Zustand der Manufacturen ankommt (18).

Es

(18) Sehr richtig! jedoch verdient noch angemerkt zu werden, daß eine Manufactur die Waaren wohlfeiler liefern kan, weil bey ihr sich mancher kleiner Vortheil vervielfältigt; weil es ihr der Mühe werth und möglich seyn kan, vortheilhafte Maschinen, deren die einzelnen Arbeiter entbehren müssen, anzulegen, und weil alle Arbeiten schneller geschehn,

da

Es ist gar kein Zweifel, daß nicht diese Gesellschaften und diese einzelnen Manufacturiers und Meister von der Regierung unterstützet werden müssen, wenn man neue Fabriken und Manufacturen im Lande anlegen will. Die erste Anlegung erfordert grosse Kosten. Die Anleger haben einen noch ganz ungebahnten Weg vor sich. Die meisten Arbeiter müssen erst unterrichtet werden, die Unterthanen sind zu der Spinnerey und andern Nebenarbeiten nicht gewöhnt. Man muß also diese Arbeiten anfangs theurer bezahlen, damit die Leute durch die Hofnung des Gewinnstes dazu angereizet werden. Wenn die Unternehmer alle diese grössern Kosten aus ihrem Beutel allein tragen sollen; so werden sie sich entweder mit der Anlegung gar nicht abgeben, oder sie werden ihre Waaren desto theurer verkaufen müssen. Dieses letztere aber hindert nicht allein den auswärtigen, sondern auch den inländischen Absatz. Dennoch beruhet der glückliche Fortgang dieser Werke hauptsächlich darauf; und die strengste Aufsicht die

Die Regierung muß die anzulegenden Manufacturen und Fabriken unterstützen.

da die Leute, ohne Aufenthalt oder Unterbrechung, sich einander in die Hand arbeiten. Eben deswegen schlägt eine neuerrichtete Manufactur gemeiniglich die vorher dagewesenen einzelnen Arbeiter nieder. Ferner ist zu merken, daß, wenn viele einzelne sich selbst verlegende Arbeiter daseyn sollen, der Absatz der Waaren schnell und sicher seyn muß. Fehlet dieser einmal, so sinken diese Familien gleich so tief in Armuth, daß sie sich selten wieder herausarbeiten. Hingegen eine grosse Manufactur hält gemeiniglich so einen Unfall länger aus.

die Einfuhr der ausländischen Waaren eben dieser Art zu verhintern, ist ein unwirksames Mittel den inländischen Debit zu befördern, wie wir in dem zweyten Abschnitte gezeiget haben. Wer siehet also nicht, daß die Unterstützung der Regierung für die neuangelegten Manufacturen und Fabriken schlechterdings nothwendig ist.

Von Colberts Mittel, die Manufacturen durch Prämien in Flor zu bringen.

Der grosse Colbert, als er die Wollen- und Seidenmanufacturen in Frankreich in Flor bringen wollte, erwählete ein Mittel, das den glücklichsten Erfolg hatte und diese Manufacturen binnen gar kurzer Zeit auf eine verwunderswürdige Weise in Flor brachte. Nachdem er Reglements herausgegeben hatte, wie die Tücher und seidenen Zeuge nach ihrer Länge, Breite, Schwere, Güte und übrigen Beschaffenheiten verfertiget werden sollten; so setzte er auf jedes Stück Tuch und Seidenzeug einen Louisd'or Belohnung aus, die man nach Vorschrift der Reglements verfertigen würde. Dieses war eine solche Aufmunterung, daß man sich mit grosser Begierde auf diese Manufacturen legte; und diese Nahrungsgeschäfte wurden hierdurch und durch andre gute Maaßregeln des vortreflichen Colberts, die ich unten bey Gelegenheit erwähnen werde, binnen wenig Jahren überaus blühend. Es ist wahr, Colbert wendete auf diese Art unermeßliche Summen aus des Königs Cassen auf, um diesen Endzweck

zu

zu erreichen. Allein, indem er dagegen die Abgaben erhöhete; so kosteten sie dem Könige im Grunde gar nichts. Er nahm dasjenige mit der einen Hand, was er mit der andern gab; und ich glaube, daß die Erhöhung der Abgaben selten aus so gutem Grunde und mit so vieler Weisheit geschehen kann, als zu diesem Endzwecke. Es würde mathematisch durch richtige Ausrechnungen zu erweisen seyn, daß man besser thut durch grossen Aufwand binnen kurzer Zeit den Nahrungsstand blühend zu machen, als wenn man wenig aufwendet und dagegen viele Jahre und vielleicht ein halbes Jahrhundert verfliessen läßt, ehe man einen blühenden Nahrungsstand darstellet. Wobey noch zu erwägen ist, daß die Stärke und die Macht des Staats auf einem blühenden Nahrungsstande größtentheils beruhet und daß die Unterthanen eben durch diesen blühenden Nahrungsstand gar bald in die Beschaffenheit gesetzt werden, die erhöheten Abgaben ohne ihre Beschwerlichkeit zu ertragen. Unterdessen befinden sich nicht alle Länder in Ansehung der unumschränkten Macht und der Menge der Einwohner in einer solchen Beschaffenheit wie Frankreich, daß dieses Mittel zu gebrauchen keine Bedenklichkeiten vorwalteten, und daß die Regierung eben so viel für die Manufacturen und Fabriken aufzuwenden im Stande wäre. Frankreich war auch damals nicht von allen Manufacturen entblößt. Man hatte schon unter Heinrich dem vierten einen guten Anfang gemacht. Es kam nur darauf an, die Manufacturen binnen kurzer Zeit in einen blühenden Zustand zu setzen. Hierzu waren diese Belohnungen das sicherste und wirksamste Mittel. Allein vielleicht würde es nicht einmal zugereichet haben, wenn die Manufacturen zuerst hätten angefangen und gegründet werden sollen. Es ist also nöthig, daß wir noch andre Unterstützungsarten, welche die Regierung diesen Nahrungsgeschäften angedeihen lassen kann, betrachten.

Die Geldvorschüsse der Regierung an die Fabriken werden widerrathen.

Man hat in vielen Staaten das Mittel erwählet den Entreprenneur einer Fabrike oder die einzelnen Meister und Manufacturiers mit Geldvorschüssen zu unterstützen. Allein ich muß frey bekennen, daß ich dieses Mittel gar nicht für rathsam finde. Wenn die Regierung nicht grosse Vorsichten bey ihren Vorschüssen braucht; so gehet gar öfters der größte Theil verlohren, ohne daß sie ihren Endzweck der zu gründenden Manufacturen erreicht. Diejenigen, die sich in ein andres Land wenden, um sich daselbst zu Anlegung dieser Nahrungsgeschäfte brauchen zu lassen, haben selten viel Vermögen. Sie suchen eben dadurch ihren Zustand zu verbessern, daß sie diese Veränderung vornehmen. Die Vermögenden entschliessen sich sehr schwer dazu. Wenn man also auf eine vollkommene Sicherheit der vorzuschiessenden

Gelder

Gelder dringet; so kann der Vorschuß gar nicht statt finden. Dahingegen, wenn man die Vorschüsse ohne Sicherheit waget; so wenden diese Neuankömmlinge, die öfters so viel Geld noch nie in Händen gehabt haben, dieselben nicht selten zu ihrer Eitelkeit an, um sich in ihrer Haushaltung ansehnlich einzurichten, wo sie es nicht gar verschwenden, statt dessen, daß sie es zu vollkommner Einrichtung ihres neuanzulegenden Nahrungsgeschäftes gebrauchen sollten; und die Manufactur oder Fabrike kommt schlecht oder gar nicht zu Stande, so wie öfters die Vorschüsse verlohren gehen. Wenn man aber für die Sicherheit der vorzuschiessenden Gelder sehr besorget ist, solche nur auf wenige Jahre herleihet und alsdenn auf die Wiederbezahlung, auf die Einsicht der Bücher oder auf eine vollkommene Sicherheit dringet; so ist dieses dem guten Fortgang der neuen Fabriken sehr hinterlich, wo sie nicht gar dadurch wieder über den Haufen geworfen werden. Ich weiß verschiedene Beyspiele in einem gewissen Lande, wo man für die Sicherheit der vorgeschossenen Gelder allemal sehr besorgt war, und nach wenig Jahren entweder auf die Bezahlung drang, oder die Waaren zur Sicherheit verlangte, daß dadurch Fabriken, welche den besten Anschein und Hofnung hatten, wieder zu Grunde gegangen sind. Man findet also auf beyden Seiten so viel Schwierigkeiten, daß dieses Mittel schwerlich anzurathen ist.

Wir wollen demnach versuchen etwas besseres vorzuschlagen.

Es muß in dem Wirthschaftsetat von den Einkünften des Staats zu Unterstützung der Manufacturen eine jährliche Summe ausgeworfen werden.

Ich setze voraus, daß ein Staat, der den vernünftigen Entschluß fasset, Manufacturen und Fabriken zu gründen und in Aufnahme zu bringen, einen ordentlichen formirten Wirthschaftsetat über alle seine Einkünfte und Ausgaben hat, wovon ich in dem zweyten Theil meiner Staatswirthschaft ausführlich gehandelt und die Grade der Nothwendigkeit und Nützlichkeit der Ausgaben gezeiget habe. Fehlet es noch an einem solchen ordentlich und weislich eingerichteten Wirthschaftsetat; so hat dieser Staat ein sehr grosses Gebrechen. Er wirthschaftet auf gerathewohl; seine Ausgaben sind nicht nach den Graden der Nothwendigkeit und Nützlichkeit, sondern nach der Gelegenheit, wie die Fonds dazu vorhanden sind, eingerichtet; und die vor Alters festgesetzten unüberlegten Ausgaben werden verewiget. Ein solcher Staat übersiehet seine Ausgaben niemals im Ganzen und im Zusammenhange auf die gesammte Wohlfarth des Staats, deren Beförderung das einzige Augenmerk aller Ausgaben seyn muß. Würde ein solcher Staat seine Ausgaben in dieser Absicht und Zusammenhange übersehen; so würde er allemal erschrecken, was für überflüssige, entbehrliche und unnütze Ausgaben er hat und was für nothwendiger und nützlicher Aufwand unterlassen wird.

wird. Kurz, ein solcher Staat liegt an einer grossen Krankheit; und ehe er etwas thut, so muß er sich von dieser Krankheit zu heilen suchen. Ehe man nicht das Uebel der Krankheit in unsern Adern und Eingeweiden zu heben suchet; so kann man den Gliedern nicht die gewünschte Stärke und Thätigkeit geben. Wir wollen demnach voraussetzen, daß dieser Wirthschaftsetat bereits formiret ist, und daß darin unter den Ausgaben des Staats zu Gründung und Aufnahme der Manufacturen und Fabriken eine gerechte Summe jährlich ausgesetzet ist. Diese Summe kann in einem mittelmässig mächtigen Staate, der 10 bis 12 Millionen Rthlr. jährlicher Einkünfte hat, kaum weniger als 30000. Rthlr. seyn, wenn man anders die Ausgaben nach ihrer Nützlichkeit und Nothwendigkeit zu dem Besten des Staats einrichten will: und in der That, wenn man die unnöthigen und überflüssigen Ausgaben vermeidet; so wird eine solche Summe gar keine Beschwerlichkeit verursachen.

Wie die Gesellschaften, so Fabriken anlegen, von dieser ausgeworfenen Summe zu unterstützen.

Da nun diese Summe nicht zu Vorschüssen an die Fabricanten, sondern zum wirklichen Aufwande zum Besten der Manufacturen und Fabriken zu bestimmen ist; so kommt alles darauf an, wie diese Summe klüglich anzuwenden ist, damit der dabey vorwaltende Endzweck die Manufacturen und Fabriken anzulegen, zu gründen und in Flor zu bringen,

 in

in der That erreichet werde. Wir haben oben gezeigt, daß man vor allen Dingen geschickte Leute und Arbeiter in das Land ziehen muß. Wenn man den zehnten Theil dieser Summe zu Reisekosten für sie aufwendet; so wird man jährlich 50 geschickte Leute in das Land bekommen können. Diejenigen Fremden, welche die vollkommenste Kenntniß von einer gewissen Art der Manufacturen und Fabriken besitzen und sie daher anzulegen, einzurichten und zu dirigiren im Stande sind, werden am besten an das Land gebunden, wenn man ihnen eine jährliche Pension reicht. Diese Pension braucht nur aus 3, 4 bis 500 Rthlrn. zu bestehen nach der Wichtigkeit der Fabriken, und für zwey Zehentheile der obgedachten Summe, oder für 6000 Rthlr. wird man die Directeurs von 18 bis 20 Fabriken mit Pensionen unterhalten können. Es ist zugleich rathsam, daß der Directeur Mitinteressent der Gesellschaft sey, die eine Fabrike auf ihre Kosten anleget; weil sich die Directeurs die Sache viel eifriger angelegen seyn lassen werden, wenn ihr eigner Vortheil mit der Aufnahme des Werkes verbunden ist. Es ist billig, daß dem Directeur für seine Wissenschaft ein Antheil an der Gesellschaft zugestanden werde, wenn er auch seinen Antheil der Kosten zu Anlegung des Werkes nicht herzuschiessen im Stande ist. Kann er aber seinen Antheil der Kosten gleich andern Mitgliedern tragen; so kann man ihm willig zwey Antheile

theile zugestehen. Es wird solches, wenn er ein geschickter und fleissiger Mann ist, dem Werke desto vortheilhafter seyn. Man muß es zugleich der Gesellschaft überlassen, sich wegen eines gewissen Gehaltes für die Direction mit ihm zu vergleichen, weil die Pension des Staats nur ein Zuschuß und Anreizung ist, im Lande zu bleiben. Damit aber die Gesellschaft desto eher die Unternehmung wage: so ist die beste Art der Unterstützung, welche der Staat einer solchen Gesellschaft in Ansehung des grössern Aufwandes, den solche neuanzulegende Werke obgedachter maassen erfordern, wohl diese, daß die Regierung sich verbindlich macht, die ersten 6 Jahre über einen gewissen Zuschuß jährlich zu der Fabrike zu reichen. Dieser Zuschuß wird am besten nach der Menge der Waaren eingerichtet, welche jährlich verfertiget werden. Denn sonst könnte die Gesellschaft diesen Zuschuß jährlich ziehen, ohne daß sie die Fabrike in rechten Gang und Aufnahme brächte. Es ist billig, daß die Regierung denjenigen Theil des Arbeitslohnes trägt, den die Gesellschaft mehr aufwenden muß, indem diese Arbeit noch ganz neu und ungewohnt im Lande ist, um das Volk dazu anzureizen und nach und nach anzugewöhnen. Diese Uebermaasse der Kosten an jedem Stück oder Centner Waare kann leicht berechnet werden. Dahingegen muß die Gesellschaft mit den Ausländern vollkommen einerley Preis der Waaren halten. Und sie kann es auch alsdenn thun, weil sie die Kosten des Gebäudes, der anzuschaffenden Geräthschaften und des ordentlichen Arbeitslohnes nicht in Betracht ziehen darf, als welches die Ausländer eben sowohl aufwenden müssen, als wir; wie ihnen denn dafür das Eigenthum verbleibt. Wenn die Regierung alle 6 Jahr drey neue Fabriken anlegen läßt, wenn man rechnet, daß eine jede von diesen Fabriken, eine in die andre gerechnet, jährlich zwey tausend Thaler Zuschuß erfordert; so wird sie hierzu gleichfalls zwey Zehntheile von obgedachter Summe aufwenden, und die Anlegung und Gründung dieser neuen Nahrungsgeschäfte wird mit grossen Schritten fortgehen. Anfangs können auch mehr Fabriken angeleget werden, weil die Pensionen der Directeurs noch nicht so hoch ansteigen, als die vorhin aufgeführte Rechnung voraussetzet. Die Regierung hat sich zwar um die Contracte, welche diese Gesellschaften mit ihren Hauptarbeitern schliesset, nicht zu bekümmern. Allein es ist einer jeden Gesellschaft zu rathen, daß sie ihre Hauptarbeiter, worauf der gute Fortgang des Werkes am meisten ankommt, auf das engste mit dem Werke zu verbinden suchet. Dieses kann nicht besser geschehen, als wenn die Contracte solchergestalt eingerichtet werden, daß der eigne Vortheil der Hauptarbeiter wächset, nachdem das Werk mehr in Aufnahme kommt. Verschiedene Fabriken haben diese Regel mit gutem Nutzen befolget; und

man

man hat eben dieses bey einer Cammertuchfabrike in Schleswig beobachtet, die überhaupt mit grosser Klugheit eingerichtet ist und die sehr viel verspricht.

Nachdem wir die Art und Weise vorgetragen haben, wie die Regierung die Gesellschaften am besten unterstützen kann, die Fabriken anlegen; so kommen wir nunmehr auf die Unterstützung der einzelnen Manufacturiers und Meister bey den Seiden- Wollen- und Leinenmanufacturen, als bey welchen wir die Gesellschaften, als Entreprenneurs derselben, nicht für dienlich erachtet haben. Da hier das Hauptaugenmerk der Regierung dahin gerichtet seyn muß, diese Leute in den Stand zu setzen, daß sie sich selbst verlegen können; so ist das erste, was sie hierin thun kann, daß sie dieselben mit Stühlen und Handwerkszeuge zu Ausübung ihrer Manufacturarbeit versiehet. Wenn man voraussetzet, daß unter den 50 geschickten fremden Arbeitern, welche die Regierung vermöge der auszuzahlenden Reisekosten jährlich in das Land ziehet, 30 Seiden- Wollen- und Leinenarbeiter sind; und wenn man annimmt, daß ein Stuhl- und Handwerksgeräthe für einen Arbeiter, einen in das andre gerechnet, 50 Rthlr. kostet; so wird sie nur den zwanzigsten Theil von der jährlich ausgeworfenen Summe nöthig haben, um diese 30 Arbeiter damit zu versehen. Es wird rathsam seyn, daß man ihnen nur die Hälfte

Auf was Art die einzelnen Manufacturiers und Meister v. der Regierung zu unterstützen sind.

der Summe schenket, was der Stuhl und das Handwerksgeräthe gekostet hat und daß man ihnen die übrige Hälfte nach und nach alle Jahre etwas weniges bezahlen läßt; indem man dadurch ein Recht behalten wird, auf unordentliche Wirthe aufmerksam zu seyn, daß sie das Handwerksgeräthe nicht veräussern dürfen. Wenn sie nun solchergestalt zu arbeiten in Stand gesetzet sind; so müssen sie gegen künftige Bezahlung mit den ersten Materialien versehen werden, um ihre Arbeit anfangen zu können, davon wir sogleich bey Gelegenheit des Manufacturhauses in mehrerem handeln werden. Endlich aber wird es nöthig seyn, daß die Regierung einem jeden einzelnen Meister und Manufacturier die ersten 6 Jahre über ein gewisses Prämium für ein jedes Stück Seidenzeug, Tuch und feine Leinewand, die nach Vorschrift der Reglements verfertiget sind, auszahlet, sowohl um diese Meister zu desto mehrerem Fleiß zu ermuntern, als ihnen den Anfangs theurern Lohn der Spinnerey übertragen zu helfen. Es wird genug seyn, wenn sie für jedes Stück Seidenzeug, Tuch und feine Leinewand zwey Rthaler Prämium bezahlet; und wenn man annimmt, daß von solchen neuangehenden Manufacturiers jährlich 4500. Stück verfertiget werden: so werden hierzu drey Zehntheile des jährlich bestimmten Aufwandes erfordert. Es bleiben demnach noch drey Zwanzigtheile von der jährlich ausgeworfenen Summe übrig;

übrig; und diese müssen zu Unterhaltung eines Manufacturhauses verwendet werden, wovon wir nunmehr etwas ausführlicher handeln müssen.

Nothwendigkeit eines Manufacturhauses und dessen Einrichtung in Ansehung des Unterrichts.

Wenn eine weise Regierung den Entschluß fasset die Manufacturen in dem Lande anzulegen und zu gründen; so muß ein Manufacturhaus die allererste Anstalt und Einrichtung seyn. Dieses ist gleichsam der Grund und die Stütze des ganzen neuanzulegenden Manufacturwesens. Da zu diesem Hause ein starkes Capital erfordert wird; so muß der Regent wenigstens hundert tausend Thaler aus seinem Schatz dazu bestimmen, oder die zu Unterstützung der Manufacturen in dem Wirthschaftsetat ausgeworfene jährliche Summe muß einige Jahre gesammlet werden, damit man ein solches Capital zusammen bekommt, ehe sonst etwas wichtiges in den Manufacturen unternommen wird. Dieses Manufacturhaus muß zuförderst den Endzweck haben, daß in allen und jeden Arten der Manufacturen darin Unterricht gegeben wird. Zu dem Ende muß es nicht allein zu allen Arten der Manufacturen eingerichtet seyn; sondern es müssen auch geschickte Fremde in jeder Manufactur verschrieben werden, die weiter nichts thun, als andre unterrichten, um die Geschicklichkeit in den Manufacturen im Lande zu verbreiten. Man muß nicht allein fähige Knaben aus den Waisenhäusern darin lernen lassen, sondern auch erwachsene Landeseinwohner,

die

die dazu Lust haben, müssen unentgeltlich darin unterwiesen werden. Zu dem Ende muß alle Verfassung der Zünfte daraus verbannet seyn. Die Lehrzeit muß an keine Jahre gebunden seyn; sondern wenn jemand in 6 Wochen eine gewisse Manufacturarbeit erlernen kann; so muß das eben so gültig seyn, als wenn er drey und mehr Jahre in der Lehre gestanden hätte. Der Manufacturinspector muß auf diesen Unterricht ein unverwendetes Auge haben und alle 14. Tage Prüfungen anstellen, was die Lehrlinge gelernet haben. Dieses Manufacturhaus muß auch allen Fremden, die sich von selbst melden, offen stehen. Sie müssen daselbst Handwerksgeräthe und Materialien finden, um nicht allein ihren Unterhalt zu haben, sondern auch zu ihrem Etablissement etwas vor sich zu bringen. Deswegen muß das Manufacturhaus von seinen Arbeitern keinen Vortheil nehmen. Man wird zugleich die sich von selbst meldenden Fremden während ihrer Arbeit in dem Manufacturhause prüfen können, ob sie geschickte und ordentliche Leute sind und die Unterstützung zu ihrem Etablissement im Lande verdienen. Wenn sie auch Frau und Kinder mitbringen: so sind sie zu den verschiedenen Arbeiten darin alle brauchbar. Damit die Arbeiter nicht zerstreuet und von der Arbeit versäumet werden: so müssen sie mit ordentlichem und reinlichem Essen versehen werden, dafür ihnen an ihrem wöchentlichen

Ver=

Verdienst etwas gewisses abzuziehen ist. Es muß die genaueste Ordnung und Aufsicht darin eingeführet seyn, als welche die Seele in diesem Hause seyn muß.

Einrichtung des Manufacturhauses in Ansehung grosser Maschinen und Werke zum Behuf der Manufacturen.

Hiernächst müssen in dem Manufacturhause alle diejenigen mechanischen Werke und Anstalten vorhanden seyn, die zur Zubereitung verschiedener Arten von Manufacturen erfordert werden, die aber zu kostbar sind, als daß sie von einem einzelnen Meister und Manufacturier unterhalten werden können. Hierher gehören nebst vielerley Maschinen insonderheit ein Seidenfilatorium, desgleichen grosse Pressen, Walkmühlen und Färbereyen. Diejenigen von diesen Anstalten, so in dem Hause selbst nicht seyn können, müssen doch mit dem Manufacturhause aufs genaueste verbunden seyn und von da aus dirigiret werden. In allen solchen Anstalten muß man die größte Vollkommenheit zu erreichen suchen und für die Zubereitung der Waaren nichts mehr nehmen, als was die Unterhaltung solcher Nebenanstalten kostet. Dieses Haus muß nicht den Endzweck haben Vortheil davon zu ziehen, sondern die Manufacturen zu unterstützen und zu befördern.

Das Manufacturhaus muß den Manufacturiers mit den Materialien an die Hand gehen.

Einer der hauptsächlichsten Endzwecke des Manufacturhauses muß seyn, den neuangehenden Manufacturiers und Meistern mit den erforderlichen Haupt- und Nebenmaterialien zu ihren Arbeiten an die Hand zu gehen, damit sie sich selbst zu verlegen

nach

nach und nach in den Stand gesetzet werden, ohne daß sie von Entreprenneurs und Verlegern abhängen dürfen. Zu dem Ende muß das Manufacturhaus alle Arten von Materialien an solchen Orten einkaufen, wo sie am besten und wohlfeilesten zu haben sind und den Transport mit möglichster Erspahrung der Unkosten veranstalten, damit sie den Manufacturiers um den mässigsten Preis verlassen werden können. Sie müssen nämlich um dasjenige Geld den Manufacturiers verlassen werden, was sie dem Manufacturhause zu stehen kommen, ohne den geringsten Vortheil daran zu suchen. Die Directeurs des Manufacturhauses müssen demnach nicht allein als geschickte und Handelsverständige, sondern auch als sehr ehrliche Leute bekannt seyn; und wenn sie sich gelüsten lassen, bey dem Einkauf und Verkauf ihren eignen Vortheil zu suchen, wie es freylich hier unter hunderterley Kunstgriffen möglich ist; so müssen sie auf das alleräusserste bestrafet werden. In der That würden sie alsdenn die allerabscheulichste Art von Dieben seyn, für welche der Strang noch viel zu wenig ist, weil sie nicht allein den Regenten und den ganzen Staat bestehlen, sondern auch die weise Absicht des Regenten, den Nahrungsstand durch die Manufacturen blühend zu machen, als worauf die Wohlfarth und die Stärke des Staats ankommt, gänzlich hintern; denn die Manufacturen können unmöglich Fortgang haben, wenn hierin

Be-

Betrügereyen vorgehen und die Materialien den Manufacturiers theuer angerechnet werden. Sie bezeigen sich also als wahre Feinde des gesammten gemeinen Wesens. Ein jeder neuangehender Manufacturier muß aber so viel Materialien aus dem Manufacturhause auf Credit bekommen können, als er zu dem ersten Anfange seiner Arbeit nöthig hat. Die Summe, die einem jeden creditiret werden soll, muß in dem Reglement des Manufacturhauses festgesetzet werden. Sie darf nur mässig seyn und bey den Seidenmanufacturiers sich über 100 Rthlr. nicht erstrecken und bey den Wollen- und Leinewandmanufacturiers, ist sie nicht einmal so hoch nöthig, um sie in den Stand zu setzen ihre Arbeit anfangen zu können. So wie sie ihre Arbeit an das Manufacturhaus liefern, oder in so fern sie hinlängliche Sicherheit verschaffen können, müssen sie allemal mehr Materialien empfangen. Es ist wahr, das Manufacturhaus wird mit der creditirten Summe allemal in Gefahr stehen; und es werden sich Fälle ereignen, daß es wirklich diese Summe verliehret. Allein so viel muß und kann es allemal wagen. Ohne Kosten und Verlust lassen sich diese Nahrungsgeschäfte nicht im Lande gründen. Unterdessen wird der daraus entspringende Verlust nicht sehr groß seyn. Es würde sehr viel seyn, wenn diese creditirte Summe bey dem vierten Theil der neuangehenden Manufacturiers verlohren gehen sollte. Der Verlust gehöret zu den Kosten des Manufacturhauses und wird allemal erträglich seyn. Die Regierung waget auch dabey niemals so viel, als wenn sie einzelne Entrepreneurs mit grossen Summen unterstützet. Die Erreichung des Endzweckes aber, so viel Familien in gute Nahrung und Wohlstand zu setzen und mithin die Manufacturen dauerhaft zu gründen, ist allemal für den Staat ungleich vortheilhafter.

Von der Waarenniederlage bey dem Manufacturhause.

Endlich muß mit dem Manufacturhause eine Waarenniederlage verbunden werden, wohin sowohl die Manufacturiers ihre verfertigten Waaren liefern, als die Kaufleute ihre benöthigten Waaren einkaufen können. Daß die Manufacturiers ihre fertigen Waaren gegen einen gerechten Preis so fort absetzen können, ohne daß sie von den Kaufleuten in dem Verkauf ihrer Waaren gedrücket werden, dieses ist eine von den allernöthigsten Anstalten bey den neu einzuführenden Manufacturen, damit die Manufacturiers in den Stand gesetzet werden, sich so fort neue Materialien anzuschaffen und fortzuarbeiten. Als der vortrefliche Colbert obgedachter maassen durch die ausgesetzten Prämien die Verfertigung der Manufacturwaaren häufig veranlassete: so sahe er gar bald, daß diese Prämien allein nicht zureichen wollten. Die Manufacturiers stelleten ihm vor, daß sie zwar ihre Waaren nach den Reglements verferriget und die Prämien empfangen hätten;

ten; allein diese Waaren blieben ihnen über dem Halse, wenn sie dieselben nicht um einen geringen Preis verschleudern wollten. Sie befånden sich demnach ausser Stande die erforderlichen Materialien anzuschaffen und ihre Arbeit fortzusetzen. Colbert errichtete demnach Niederlagen, worin alle nach den Reglements verfertigte Waaren um einen gerechten Preis, bey welchem die Manufacturiers bestehen konnten, aufgekaufet wurden, die er theils im Lande, theils durch den damals zugleich eröfneten Handel nach der Türkey ohne Schaden des Königs wieder abzusetzen wuste; und die Manufacturen fanden weiter gar keine Hinterniß, sondern gelangten gar bald in einen sehr blühenden Zustand. Eben diese Anstalt muß in einem jeden Lande gemacht werden, wo man neue Manufacturen einführen und gründen will; und eine solche Niederlage wird am besten mit dem Manufacturhause verbunden. Ein jedes Stück Waare, wenn es nach den Reglements die Beschauanstalten passiret, muß zugleich taxiret werden: und der geschätzte Werth muß dem Manufacturier, wenn er es in die Niederlage liefert, so fort entweder in baarem Gelde, oder in Materialien, wie er es verlanget, bezahlet werden. Bey dieser Taxe muß man strenge auf den Preis der auswärtigen Waaren, von eben dieser Art, Güte und Beschaffenheit sehen, den sie in der Großhandlung aus der ersten Hand haben; und gleichwie die Niederlage des Manufacturhauses, das in allen seinen Anstalten und Unternehmungen ganz ohne Vortheil verfahren muß, solche Waaren um eben diesen Preis wieder an die Kaufleute des Landes zu verlassen hat; so haben die Kaufleute an den inländischen Manufacturen, wenn sie solche wieder einzeln verkaufen, eben so viel und in Ansehung der ersparenden Fracht noch mehr Vortheil, als an den auswärtigen; und die Absicht wird mithin erreichet, daß die inländischen Waaren mit den auswärtigen vollkommen in einerley Preise stehen können, eine Sache, die zur Aufnahme der Manufacturen, wie wir mehrmalen erinnert haben, so unumgänglich nothwendig ist. Die inländischen Kaufleute haben alsdenn auch keine Ursache die Landesmanufacturen mit gehässigen Augen anzusehen, und damit ihnen um so mehr aller Grund dazu benommen werde; so ist es dienlich, daß das Manufacturhaus den inländischen Kaufleuten auf 6 Monathe Credit giebt, weil sie solchen gemeiniglich bey den Ausländern erhalten können. Diese Einrichtung findet in der Manafacturniederlage zu Kopenhagen wirklich statt und verdienet allenthalben nachgeahmet zu werden.

Die Kosten eines solchen Manufacturhauses sind nicht zu hoch.

Man siehet demnach, warum ich ein so grosses Capital für das Manufacturhaus erfordert habe; und wenn man dessen vorgeschlagene Einrichtung erwäget; so werden vielleicht viele glauben, daß hundertderttausend Thaler eher zu wenig als zu viel sind. Allein wenn man bedenket, daß die Manufacturen bey ihrem Anfange wenig sind und also keinen übermässigen Verlag erfordern, und daß wie die Manufacturen anwachsen, auch für die verfertigten Waaren wieder Geld eingehet; so wird man dieses Capital schon für zureichend erachten. So bald auch die Manufacturen von grosser Wichtigkeit werden, so daß sie nicht allein für den Verbrauch im Lande zureichen, sondern auch Waaren für die auswärtigen Commercien liefern; so wird das Manufacturhaus nach und nach entbehrlich werden. Diejenigen so sich selbst verlegen können, werden sich nicht zu dem Manufacturhause wenden; und die Manufacturiers werden nicht nöthig haben, ihre Waaren in die Niederlage zu verkaufen, da sie durch den auswärtigen Handel gesucht werden, so wie die Kaufleute eben deshalb des gerechten Werthes sich nicht werden entbrechen können. Alles dieses sind die natürlichen Folgen von blühenden Manufacturen. Vielleicht stehen auch einige in den Gedanken, daß drey Zwanzigtheile von der ausgeworfenen Summe, oder 4500 Rthlr. zur jährlichen Unterhaltung des Manufacturhauses nicht zureichen würden. Allein das Manufacturhaus hat nichts zu bestreiten, als die Unterhaltung der Bedienten, des Gebäudes, der Maschinen und Geräthschaften und den Verlust zu tragen, der sich aus dem Credit an die Manufacturiers und aus den sich begebenden Unglücksfällen ereignet. Alle, so darin arbeiten, werden von ihrem Verdienst ernähret; und diese jährliche Summe wird also schon zureichen.

Das Manufacturhaus ist das dienlichste Mittel, daß sich die Manufacturiers selbst verlegen können, welches sonst die schwierigste Sache bey Einführung der Manufacturen ist.

Alle diejenigen, welche von Einführung der Manufacturen und Fabriken geschrieben haben, sind der Meynung gewesen, daß der Verlag der Manufacturiers und Fabrikanten die allerschwierigste Sache sey. Der Freyherr von Schröder in seiner fürstlichen Schatz- und Rentkammer glaubet, daß dieses der angelegentlichste Punct sey, um diese Nahrungsgeschäfte und überhaupt den Nahrungsstand blühend zu machen; und er schlägt deshalb seinen landesfürstlichen Wechsel vor, der zwar sinnreich ist, der aber unüberwindliche Schwierigkeiten und Fehler zeigen würde, wenn er in Ausübung gebracht werden sollte, wie ich in meiner Staatswirthschaft, in meiner Monatschrift und in den göttingischen Intelligenzblättern aus guten Gründen dargethan habe. Eben dieses waren die Gedanken des Hrn. Regierungsrath von Cronhelm zu Glückstadt, dessen Tod ich eben jetzt mit einem wahren Bedauren aus den Zeitungen ersehe, da ich dieses schreibe und dessen Verdienste und Andenken bey mir allemal sehr theuer und werth seyn werden, weil ich einen ungemeinen Eifer und Begierde an dem Aufnehmen des Nahrungsstandes und dem Besten seiner Mitbürger zu arbei-

arbeiten, bey ihm gefunden habe. Er meynete in seinen Briefen, womit er mich beehret hat, daß die Einführung der Manufacturen und Fabriken und überhaupt das Aufnehmen des ganzen Nahrungsstandes lediglich darauf ankäme, Mittel ausfündig zu machen, wodurch die Leute Verlag in die Hände bekommen könnten, die zwar alle Lust hätten, sich zu regen und nützliche Gewerbe zu treiben, denen es aber größtentheils an den Mitteln dazu ermangele. Er glaubte, wenn man eine Anstalt machen könnte, daß die Leute allemal gegen 5 von Hunderten Geld zu ihren Gewerben haben könnten; so würde die größte Hinterniß gegen das Aufnehmen des Nahrungsstandes gehoben seyn. Allein in Göttingen und andern hannöverischen Städten können die Manufacturiers und Fabrikanten auf den Leihekammern allemal gegen 3 pro Cent Geld erhalten; und diese Anstalten, werden doch sehr wenig gebraucht. Alle Anstalten, die man nur immer zu dem Ende machen kann, erfordern, daß das Geld nicht ohne Sicherheit weggegeben werde. Sie können sonst nicht bestehen. Diese Sicherheit macht es nothwendig, daß kaum die Hälfte des Werthes auf die zu versetzenden Mobilien und Waaren gegeben werden kann, weil man von der Wiedereinlösung nicht versichert ist und weil die Verkaufung der Pfänder durch die Auction geschehen muß, wodurch öfters wenig dafür erhalten wird. Es kann aber einem

Manufacturier sehr wenig damit gedienet seyn, auf seine Waaren kaum halb so viel geliehen zu bekommen, als sie werth sind. Wie will er seine Manufactur fortsetzen und doch auch leben können, wenn er auf seine Waaren kaum so viel geliehen bekommt, als ihm die Materialien dazu gekostet haben. Er kann natürlicher Weise immer weniger Materialien einkaufen und seine Nahrung kommt immer mehr in Abgang. Diesen Fehler hat des Freyherrn von Schröder vorgeschagener landesfürstl. Wechsel; desgleichen alle Lombard- und Leihhäuser, und alle Anstalten, die man nur erfinden kann, werden gleichfalls dieses Gebrechen haben, weil sie ohne Sicherheit des auszuleihenden Geldes nicht bestehen können. Es ist demnach in der That kein besseres Mittel die Manufacturiers zu verlegen, als die jezt von mir vorgeschlagene Einrichtung des Manufacturhauses. So bald der Manufacturier seine Waaren fertig hat; so kann er sie für ihren gerechten Werth in dem Manufacturhause absetzen. Er kann so fort Materialien zu andrer Arbeit guten Kaufes erhalten, als auch zugleich das benöthigte baare Geld zu Führung seiner Haushaltung haben. Wenn er fleissig und haushältig ist; so kann er allemal um so viel mehr Materialien nehmen, als er an der Arbeit gewinnet; und er kann mithin sein Gewerbe nach und nach vergrössern. Es ist wahr, diese Vergrösserung seines Gewerbes wird nur langsam gesche-

geschehen, allein sie wird desto sicherer und gründlicher seyn und den Manufacturier weder der Gefahr aussetzen von seinen Gläubigern über den Haufen geworfen zu werden, noch werden ihm die Interessen einen Theil seines Gewinnstes wegnehmen. Je mehr auch die angelegten Manufacturen einen guten Fortgang haben, und je mehr Geld dadurch im Lande behalten wird, desto lebhafter wird der Nahrungsstand und die Circulation des Geldes werden. Vieles Geld, das bey einem übel beschaffenen Nahrungsstande lange Zeit in dem Kasten gelegen hat, wird zum Vorschein kommen, weil man damit gewinnen kann. Dieses wird in alle Gewerbe seinen Einfluß haben. Die Interessen werden fallen und fleissige Leute werden gar keine Mühe haben Geld zu bekommen, ihr Gewerbe zu vergrössern und mehr zu gewinnen. Kurz, es ist schwerlich ein anderes Mittel, das gründlich und zuverlässig ist. Alle andere Projecte, den Manufacturiers Verlag zu verschaffen, werden auf Chimären hinauslaufen und in der Ausübung unthunlich befunden werden.

Da dieses Hauptstück ohnedem stark anwächst; so kann ich mich nicht in alle besondere Einrichtungen und Umstände eines solchen Manufacturhauses einlassen. So viel will ich nur noch erinnern, daß aus eben den Gründen, warum ich die Anlegung der Manufacturen in der Residenzstadt widerrathen habe, Verschiedene andere Umstände des Manufacturhauses.

auch das Manufacturhaus nicht darin statt finden kann. Es muß in einer Stadt angeleget werden, die man zu dem Hauptsitz der Manufacturen am schicklichsten hält; und so bald sich die Manufacturen auch in andern Städten ausbreiten, so muß für alle Waaren und Briefe, die an das Manufacturhaus gehen, die Postfreyheit zugestanden werden, wenigstens auf eine Zeitlang, bis diese Nahrungsgeschäfte genugsam gegründet sind; wie denn auch alle andere Mittel nicht gespahret werden müssen, wodurch diese Anstalt befördert und erleichtert werden kann. Denn noch einmal, sie ist der Grund des ganzen Manufacturwesens, worauf der glückliche Fortgang hauptsächlich ankommt (19).

Von der Errichtung und Beschaffenheit eines Manufacturcollegii.

So bald man ein Manufacturhaus einrichtet; so muß man auch den Bedacht auf Errichtung eines Manufacturcollegii nehmen, und ohne ein solches Collegium kann man sich schwerlich einen glücklichen Erfolg in den anzulegenden Manufacturen versprechen. Dieses Manufacturcollegium kann ein besonderes Departement des Commerciencollegii seyn; indem ich auch dieses Collegium als nothwendig voraussetze, wenn man sich etwas wirksames zu Aufnah-

(19) Mit diesem Vorschlage verdient die Einrichtung des Berliner Lagerhauses, die man zum Theil aus Nicolai Beschreibung von Berlin kennen lernen kan, verglichen zu werden; wiewohl solches mehr eine für Rechnung des Regenten arbeitende Manufactur zu seyn scheint.

nahme der Commercien versprechen will. Es kann vielleicht in den Finanz- Krieges- und andern Geschäften des Staats gleichgültig seyn, ob sie durch einzelne Minister mit unterhabenden Commissarien, oder durch Collegia verwaltet werden. Allein die Commercienangelegenheiten sind für die Wohlfarth des Staats allzuwichtig und erfordern eine allzugenaue und vollkommene Einsicht in das Wesen der Sache, als daß man sie der Entscheidung eines einzigen Mannes anvertrauen könnte. Frankreich, welches es vielleicht seiner unumschränkten Regierungsform am gemässesten hält, die Geschäfte des Staats durch einzelne Minister verwalten zu lassen, hat doch gemeiniglich für die Commercienangelegenheiten ein besonderes Collegium niedergesetzt. Dieses Manufacturcollegium als ein besonderes Departement des Commerciencollegii, kann demnach aus einigen Mitgliedern dieses letztern Collegii, welche in das Manufacturwesen die meiste Einsicht haben, und aus einigen Leuten bestehen, die selbst Manufacturen gehabt oder dirigiret haben. Wenn ich nicht für dienlich erachte, Kaufleute in das Commerciencollegium zu setzen, weil ihre Grundsätze gemeiniglich von den richtigen Grundsätzen des Staats sehr verschieden sind; so halte ich es hingegen für unumgänglich nothwendig, Leute die bey den Manufacturen und Fabriken hergekommen sind, in das Manufacturcollegium zu ziehen, weil die Einrichtung und

Direc-

Direction der Manufacturen schwerlich mit Nutzen geschehen kann, wenn man nicht alle dazu erforderliche Arbeiten und Umstände aus dem Grunde verstehet.

Nöthige Reglements und Ordnungen von der Beschaffenheit der zu verfertigenden Waaren.

Hiernächst muß es eine der ersten Maaßregeln seyn, daß man Reglements und Ordnungen publiciren läßt, wie die zu verfertigenden Manufactur- und Fabrikenwaaren beschaffen seyn sollen. Bey den Manufacturen muß nicht allein die Länge und Breite der Stücke, die Beschaffenheit des Aufzuges, der Kette, der dazu zu gebrauchenden Gezeuge und Schemel und mit wie viel Schlägen gearbeitet werden soll, sondern auch das Gewicht vorgeschrieben werden, wie viel ein Stück Seidenzeug oder Tuch von solcher Länge und Breite wiegen soll, weil die Feine und Güte hauptsächlich darauf ankommt; ja bey verschiedenen Manufacturen ist es nöthig zu bestimmen, aus wie viel Fäden der Aufzug bestehen soll. Eben so muß auch bey den Fabriken die Beschaffenheit der in Feuer zu arbeitenden Waaren vorgeschrieben und die äusserlichen Kennzeichen zum Unterschied der Waaren, entweder auf die Waare selbst, oder auf die Fässer, worin man sie einpacket, bestimmet werden, wie dergleichen Reglements in Sachsen bey der Schmalte, bey den verzinnten Blechen und andern Fabriken vorhanden sind. Diese Reglements und Ordnungen sind nicht allein nöthig, damit wirklich gute und tüchtige Waaren verfertiget wer-

werden, sondern auch vornehmlich deshalb, damit die Waaren in dem Großhandel gangbar werden. In dem grossen Commercio kann man sich unmöglich Zeit nehmen, ein jedes Stück Waare besonders zu untersuchen. Man muß es auf Treu und Glauben annehmen. Daher muß der Kaufmann versichert seyn, daß, wenn ihm ein Stück, oder Faß Waare mit diesen Zeichen zu Gesichte kommt, daß es diese Beschaffenheit haben und eine gute und tüchtige Waare seyn werde. Er siehet auf die Ordnungen, die in einem Lande sind und wie darüber gehalten wird, wenn er sich in einen Kauf einlassen will. Diejenigen Länder also, die dergleichen Reglements und Ordnungen nicht haben, können sich auch niemals versprechen, daß ihre Producte gangbare Waaren in den Commercien werden. Der auswärtige Kaufmann unterläßt lieber mit solchen Ländern zu handeln, als daß er jedes Stück oder Faß Waare sorgfältig untersuchen sollte, um sich vor den Betrügereyen zu hüten, und ehe er sich einer solchen weitläuftigen und zeitversplitternden Untersuchung gleichfalls aussetzen sollte, wenn er die Waaren wieder im Ganzen verkaufen will. Diejenigen Länder, welche diese Reglements unterlassen, verstehen also die Maaßregeln zur Aufnahme der Commercien sehr schlecht, und ich weiß wirklich viele Länder, die nicht allein die Materialien zu verschiedenen Waaren haben, sondern die auch wirklich gute und tüchtige

Waaren verfertigen, die aber wegen dieses Mangels nicht in die Commercien gehen. Z. E. in Niedersachsen wird an vielen Orten eine feine Leinwand verfertiget, die öfters die schlesische übertrift, ja die einer holländischen nichts nachgiebt, wenn man die Zubereitung ausnimmt. Allein weil dergleichen Reglements ermangeln und weil man in der Länge und Breite der Stücke nicht die geringste Gleichförmigkeit beobachtet: so wird sie niemals eine Waare für die Commercien, sondern sie wird höchstens in Hamburg, Lübeck und Bremen als Hausleinewand verkauft (20). Mit der österreichischen Leinewand hatte es ehedem eben diese Beschaffenheit. Allein seitdem man vor ohngefähr 8 Jahren ein Reglement darüber herausgegeben hat; so hat sie schon angefangen eine Kaufmannswaare zu werden. In den meisten teutschen Staaten, ungeachtet man das Ansehen haben will, die Manufacturen zu gründen, fehlet es noch gar sehr an solchen Reglements. Nur in den preussischen Staaten, wo man die wahren Maaßregeln selten ausser Acht läßt, haben alle Arten von Manufacturen die umständlichsten und vortreflichsten Ordnungen, und man muß dieselben zu Rathe ziehen,

(20) Dieser Vorwurf ist in unserm Lande längst durch die guten Legge-Anstalten gehoben worden, von denen ich bereits im andern Theile dieses Buchs S. 90 Nachricht gegeben habe. Es gehören dahin auch verschiedene Verordnungen, welche in meiner Samlung von Polizey-Ordnungen stehn.

hen, wenn man dergleichen Reglements verfertigen will.

Da es bey den Manufacturen gar viel auf die Schönheit und Dauerhaftigkeit der Farben ankommt: so müssen noch besondere Farbenreglements und Ordnungen publiciret werden. In denselben ist vorzuschreiben, auf was für Art und mit was für Materialien gefärbet werden soll, weil viele Materialien zwar eine Farbe von gutem Ansehn, aber von schlechter Dauer geben. Der vortrefliche Colbert hat sich hierin viel Mühe gegeben und Frankreich hat auch nach seiner Zeit diese Sorgfalt nicht ausser Acht gelassen. Es ist beständig einem oder zwey Mitgliedern der Akademie zu Paris von der Regierung aufgegeben worden, in Farben Versuche anzustellen, um dasjenige, was sie zu Verschönerung und grösserer Dauerhaftigkeit der Farben herausbringen, in den Reglements gesetzlich vorzuschreiben, und dergleichen Nutzen sollten sich die Manufacturen und Fabriken von den Wissenschaften allemal versprechen können. Diese Fürsorge der französischen Regierung ist auch nicht ohne Nutzen gewesen. Die französischen Manufacturen gehen an Schönheit der Farben allen andern vor; und dergleichen Sorgfalt ist auch nöthig, wenn man wirksame Maaßregeln zur Aufnahme der Manufacturen ergreifen will (21).

Nöthige Reglements über die Schönheit und Dauerhaftigkeit der Farben.

Alle

(21) Eine so genaue Vorschrift für die Färber wird schwerlich den hier erwarteten Nutzen leisten. Denn die

Von der Beschaffenheit der Beschauanstalten, da- Alle diese Reglements und Ordnungen würden wenig helfen, wenn die Regierung nicht dafür sorgte, die Färberey ist so mancherley Veränderungen unterworfen, und wird beständig durch neue Erfindungen und Verbesserungen bereichert, daß eine gesetzliche Vorschrift, welche von langer Dauer und der Indüstrie unschädlich seyn soll, nicht wohl gemacht werden kan. Als das bekante Französische Färbereglement 1669 gemacht ward, glaubte man noch, daß gewisse Materialien oder Pigmente nur ächte, und andere immer nur unächte Farben liefern könten, deswegen ward der Gebrauch der ersten allein den Schönfärbern, und der Gebrauch der letztern nur den Schlechtfärbern gestattet. Aber die Aechtheit der Farben rührt von ihrer Bearbeitung oder Anwendung her, und manches Material, welches bisher nur vergängliche Farben geliefert hat, giebt, nach Erfindungen, welche bey dem Gebrauche von Zeit zu Zeit gemacht worden, untadelhafte und dauerhafte Farben. Zum Beweise dient die Geschichte des Campecheholzes und des Indigs, die ich in Anleitung zur Technologie erzählt habe. Eben deswegen haben selbst Französische Schriftsteller behauptet, daß jenes oft gerühmte Reglement mehr geschadet, als genutzt habe. Alles was die Polizey hiebey thun kan, scheint darin zu bestehn: 1) sie sorge dafür, daß dauerhafte Farben den Käufern jedesmal mit Zuverlässigkeit angezeigt werden. 2) sie verbiethe allenfals, daß die besten oder theuersten Waaren nicht durch gar zu vergängliche Farben verdorben werden. So befahl man in Frankreich, daß Zeuge, wovon die Elle über 40 Sols kostet, nicht unächt gefärbt werden sollten; wiewohl schon bey diesem Befehl Vorsicht nöthig ist. 3) sie ermuntere Gelehrte zu Verbesserung der Färberey. 4) sie sorge dafür, daß wenigstens die Söhne reicher Färber so viel Kentniß der Mineralogie, Chemie und Naturlehre erlernen, als nöthig ist, um neue Erfindungen anwenden zu können. 5) durch Belohnungen und Zuschüsse suche sie geschickte Färber in den Stand zu setzen,

te, daß sie genau befolget und ausgeübet würden. Wenn dieses in der That geschehen soll; so sind strenge Beschauanstalten nöthig. In denselben muß genau untersuchet werden, ob die verfertigten Waaren die in den Reglements vorgeschriebenen Beschaffenheiten haben oder nicht. Haben sie grosse Fehler und Mängel: so müssen sie gar nicht passiret werden. Haben sie aber nur einen geringen Fehler: so muß wenigstens dieser Fehler bemerket und dem Orte, wo er sich befindet, gegen über am Rande, ein Stempel aufgedruckt werden, wiewohl auch diese letztern Waaren nicht zum Commercio ausserhalb Landes gebraucht, sondern nur im Lande selbst consumiret werden sollten. Es hat kein Land so vortrefliche Beschauanstalten als England. Ein jedes Stück von Manufacturwaaren muß dreymal in Beschau genommen werden. Die erste Beschauung geschiehet von den Handwerksobermeistern; und das Stück, wenn es gut ist, bekommt das Handwerkssiegel oder Zeichen. Sodann gehet es in die Beschauanstalten der Stadt, die gemeiniglich aus einem Rathsherrn, oder andern Bedienten des Raths und aus einigen andern angesehenen der Sache genugsam kundigen Bürgern bestehen; und das Stück,

mit die Reglements beobachtet werden.

setzen, neue Erfindungen im Grossen anzuwenden. Man vergleiche hiemit, was ich im andern Theile S. 39 angemerkt habe. Die gewöhnlichen Polizeyanstalten für die Färberey findet man in Bergius neuem Polizey- und Cameral-Magazin II S. 289.

Stück, nachdem es gut befunden worden, bekommt hier das Zeichen oder Stempel der Stadt. Endlich gehet die Arbeit in die Königl. Beschauanstalt, die in jeder Grafschaft errichtet ist, und hier wird es am allerstrengsten genommen und der Königl. Stempel wird nicht ohne die allergenaueste Untersuchung angehängt. Allein eben dieser strengen Beschauanstalten wegen haben die Englischen Manufacturen vor allen andern in der Welt in der Güte den Vorzug erlanget; und die Ausländer können auf das allervollkommenste versichert seyn, daß alle Waaren, die mit den Beschausiegeln versehen sind, sehr gut und tüchtig seyn werden. In der That, wenn man sich auf auswärtigen Debit Rechnung machen will, so sind diese Beschauanstalten eine der nothwendigsten. Man hat zwar selten in einem Staate unterlassen, so bald man auf die Einführung der Manufacturen bedacht gewesen ist, auch diese Beschauanstalten anzuordnen. Allein sie werden gemeiniglich so nachlässig und so obenhin ausgeübet, daß es eben das ist, als wären sie gar nicht vorhanden. Ich weis nicht, was man von denjenigen sagen soll, die solche Beschauanstalten als eine Beschwerde und Bedrückung der Manufacturiers ansehen. Wenigstens habe ich diese Meynung in gedruckten Schriften gelesen, deren Verfasser sich mit keiner geringen Einsicht in das Beste des Staats und des Nahrungsstandes geschmeichelt haben. Alle

Ant=

Antwort, die sie verdienen, ist, daß man ihnen den Rath giebt, sich mit den guten Grundsätzen der Commercienwissenschaft besser bekannt zu machen.

Von den Reglements über den Arbeitslohn der Manufacturarbeiter.

Man hat in vielen Staaten auch Reglements und Ordnung über den Lohn der Arbeiter; wie man denn vor ohngefähr 8 Jahren in Wien eine Ordnung publicirte, worin der Arbeitslohn bestimmt war, das ein jeder Seidenmanufacturier seinen Gesellen für eine Elle Seidenzeug von allen und jeden Arten zu entrichten hätte. Allein, wenn dergleichen Ordnungen ihren Nutzen haben sollen; so müsse sie fast auf eine jede Provinz verschiedentlich eingerichtet werden, weil der Preis der Lebensmittel fast in allen Provinzen sehr verschieden ist; und wenn darauf nicht gesehen wird; so können dergleichen Ordnungen keine Billigkeit haben. Sie erfordern auch eine öftere Abänderung, wenn Veränderungen in dem Münzwesen vorgehen, oder der Preis der Lebensmittel auf beständig und merklich gestiegen, oder gefallen ist. Wenn dergleichen Veränderungen nicht geschehen; so bekommen entweder dergleichen Ordnungen ihren Platz unter den alten ausser Gebrauch gekommenen Gesetzen, oder es wird nur dadurch Unheil und Nachtheil verursachet, wenn derjenige Theil, welcher seinen Vortheil bey diesen Ordnungen findet, sich hartnäckig darauf steifet.

fet. Ueberhaupt wird der Nutzen nicht sehr groß seyn, der aus solchen Ordnungen erwächset (22).

Beständige Bemühungen, die Manufacturen zu erweitern u. zu verbessern, welches auf die Einsicht der Gebrechen ankommt.

Nachdem die Manufacturen und Fabriken nur in etwas im Gange sind; so muß das Manufacturcollegium unaufhörlich auf deren Erweiterung und Verbesserung bedacht seyn. Die Erweiterung geschiehet, wenn man nicht allein die angelegten Werke nach der Maasse, wie sie einen guten Fortgang haben und Gewinnst abwerfen, mit Gebäuden, Werkstäten und Arbeitern vermehret, oder immer mehr Meister und Manufacturiers in das Land ziehet, sondern auch wenn man ganz neue Manufacturen und Fabriken anrichtet, welches nach der im Eingange dieses Hauptstückes festgesetzten Grundregel geschehen muß, nämlich, daß diejenigen immer zuerst angelegt werden müssen, wodurch das meiste Geld ausser Landes gehet und wodurch die meisten Menschen ernähret werden können. Die Verbesserung aber sowohl als die Erweiterung erfordert eine unaufhörliche Untersuchung von dem Zustande der Manufacturen und Fabriken. Zu dem Ende muß das Manufacturcollegium längstens alle Vierteljahre von dem Zustande dieser Nahrungsgeschäfte die aller-

(22) Man sorge viel mehr, daß es nicht an Arbeitern fehle; denn wenn diese fehlen, so muß der Meister dem Gesellen, den er gern behalten will, den Lohn erhöhen, wenn es gleich die Gesetze verbiethen. Die Zulage bekömt alsdann nur einen andern Namen, z. B. eines Geschenks.

allergenauesten Berichte und Tabellen erfordern, aus welchen die Zahl der Werkstäte, und Meister, der Haupt- und Nebenarbeiter, der Geräthschaften, der Materialien, so sie verarbeiten, des Preises derselben und woher sie erlanget werden, der Waaren, so verfertiget werden, ihres Preises und Absatzes deutlich und umständlich zu ersehen sind. Wenn nun zugleich die Proben von allen Arten und Arbeiten mit eingesendet werden; so kann es dem Manufacturcollegio nicht schwer fallen, die Mängel und Gebrechen, die etwan dabey noch vorwalten, einzusehen und auf deren Verbesserung den Bedacht zu nehmen.

Alle Fehler und Mängel bey den Manufacturen müssen gehoben werden.

Wenn sich in dem Manufacturcollegio Leute befinden, welche der Sache genugsam gewachsen sind; so muß das Collegium auch allemal die Ursache einsehen können, warum es etwan mit dieser oder jener Manufactur und Fabrike nicht recht fort will. Sehen sie aber die Ursachen ein; so müssen auch allemal Mittel ausfindig gemacht werden können, um die Gebrechen und Hinternisse zu heben. Man muß dieses behaupten, die Fehler mögen auch bestehen, worin sie wollen; und ich getraue mir allemal zu erweisen, daß die immerfortdaurenden Mängel und Gebrechen bloß dem Mangel der Einsicht oder der Nachlässigkeit derjenigen zuzuschreiben sind, welche die Direction und Aufsicht über die Manufacturen und

Fabriken haben. Wenn es so gar an der nöthigen Kunst und Geschicklichkeit in dieser oder jener besonderen Arbeit der Manufactur fehlete; so ist auch hier Rath zu verschaffen; und es ist allemal besser, diejenigen, welche die Sache verstehen sollten, gestehen den Mangel ihrer Wissenschaft in diesem oder jenem Stücke, weil ein Mensch nicht in allem vollkommen seyn kann, als daß sie ihre Unwissenheit und diesen Mangel der Fabrike zu verbergen suchen. Man kann für Geld alles möglich machen; und wenn man auch wegen eines solchen Mangels nicht besondere Leute, deren Wissenschaft demselben abhelfen kann, aus andern Landen kommen lassen will; so kann man die ermangelnde Kunst für ein weniges Geld erkaufen. Bey der österreichischen Cattunfabrike auf der Schwechat, als sie schon sehr in Flor war, ermangelten noch vier Farben, welche der Directeur der Cattundruckerey und die Druckermeister nicht dauerhaft zu machen wusten. Es waren dieses keine Hauptfarben, sondern nur zusammengesetzte Farben. Dennoch sahe man es als einen Mangel an, dem man abhelfen müste. Man schrieb nach Holland und ließ einem dasigen Druckermeister in einer Cattunfabrik unter der Hand 50 Ducaten für jede Farbe bieten. Dieser communicirte sie, die Farben wurden probiret und gut und dauerhaft befunden. Man bezahlte das Geld und der Mangel war gehoben. Auf diese und ähnliche Art können

gewiß

gewiß alle andere Mängel und Gebrechen verbessert werden, wenn man nur Einsicht und Aufmerksamkeit hat.

Zweytes Hauptstück
des dritten Abschnittes,
von den
Beförderungsmitteln
der
Manufacturen und Fabriken.

Nothwendigkeit der Beförderungsmittel.

Wir kommen nunmehr auf das zweyte Hauptaugenmerk bey Anlegung und Gründung der Manufacturen und Fabriken, nämlich auf die Beförderungsmittel derselben; und in der That ist dieses so wesentlich nothwendig, als das erste. Die besten und klügsten Maaßregeln und Anstalten zu Anlegung und Gründung der Manufacturen und Fabriken würden ganz vergeblich seyn, und die angelegten Werke würden gar bald wieder ihren Untergang finden; wenn man nicht durch dienliche Mittel und Maaßregeln die neuen Manufacturen zu befördern und dauerhaft und blühend zu machen wüßte.

Der gute Zusammenhang mit den übrigen Einrich

Der gute Zusammenhang und die vollkommene Uebereinstimmung der Manufacturen und Fabriken mit

tungen des Staats sind Beförderungsmittel. mit allen andern Beschaffenheiten und Einrichtungen des Staats, wovon wir im zweyten Abschnitte gehandelt haben, ist eines der größten und wirksamsten Beförderungsmittel dieser Nahrungsgeschäfte. Wir haben daselbst genugsam gezeiget, wie groß der gegenseitige oder gleichmässige Einfluß der Wissenschaften, der Landwirthschaft, der Commercien, der Polizey und vieler andern Einrichtungen des Staats in die Manufacturen und Fabriken ist; und daß man sich ohne denselben schwerlich einen guten Fortgang in denselben versprechen kann. Dieser wirksame Einfluß ist demnach allerdings eines der wichtigsten Beförderungsmittel. Allein ausser diesem guten Zusammenhange giebt es noch andere Beförderungsmittel, die wir hier vorstellig machen wollen.

Ausserdem wird erfordert Achtung für die Manufacturiers und Fabrikanten.

Unter diese Beförderungsmittel muß man zuförderst die Achtung rechnen, die man den Manufacturiers und Fabrikanten im Staate billigerweise angedeihen lassen muß. Die Manufacturen und Fabriken, wenn sie die Wohlfarth des Staats befördern sollen, müssen in Menge getrieben werden; und man bilde sich nur nicht ein, daß viele Leute sich auf diese Nahrungsgeschäfte legen werden, wenn sie nicht in Hochachtung stehen. Die Wahrscheinlichkeit Reichthum zu erwerben, ist es nicht allein, was eine Nahrungsart beliebt macht; die Menschen wollen auch die Vergnügung ihrer Ehrbegierde dabey finden;

finden; und wenn die Eltern eine in wenig Hochachtung stehende Lebensart nicht verlassen, so bald sie etwas Vermögen dabey erworben haben; so sind doch allemal die Kinder wenig geneigt dieselbe fortzusetzen, so daß öfters die besten Werke der Eltern nach ihrem Tode ihre Endschaft erlangen. Man siehet endlich in Teutschland und noch mehr in den dänischen Staaten das elende Vorurtheil, daß die Commercien und Manufacturen geringschätzige und dem Adel nachtheilige Nahrungsgeschäfte sind, immermehr verschwinden. Die angesehensten Leute sowohl ihrer Geburt als Würden nach, halten es in diesen letztern Landen sich nicht für nachtheilig sich bey den Manufacturen und Fabriken einzulassen; und ich könnte unter andern einen Herrn von hohem Stande, und sehr altem Geschlechte nennen, der mit eben so viel Ruhm seiner vornehmen Bedienung vorstehet, als er mit verwundernswürdiger Einsicht und Ordnung und dem glücklichsten Erfolg Manufacturen und Fabriken anleget. In der That, wenn auch die Lebens- und Nahrungsarten nach der Maasse Achtung verdienen, als sie den Nutzen des Staats befördern; und ich kenne keinen andern Grund der Achtung; so muß man aus dem ersten Abschnitte überzeuget seyn, daß die Manufacturiers und Fabrikanten unter den verschiedenen Ständen und Lebensarten einen vorzüglichen Grad der Achtung verdienen.

Der Regent hat vielerley Mittel eine Nahrungsart in Achtung zu setzen.

Es ist sehr gewiß, daß es nur auf den Regenten ankommt, eine gewisse Lebensart in Achtung und folglich in Flor zu setzen: denn das letztere ist eine natürliche Folge aus dem ersten. Er hat hierzu tausenderley Mittel in Händen, die er niemals vergeblich anwendet, wenn er sie mit Klugheit gebrauchet. Als der mit vielen grossen Eigenschaften begabte König Friedrich Wilhelm von Preussen zur Regierung kam; so war die Landwirthschaft in seinen Staaten in schlechtem Zustande. Es wollten sich nicht einmal Pachter zu den Cammergütern finden. Allein das gnädige Auge, womit dieser kluge König einen fleissigen und geschickten Landwirth ansah, die Charactere von Amtmännern und Oberamtmännern, womit er auch so gar einen vernünftigen Bauer begnadigte, wenn er eine Domaine pachtete und in der Landwirthschaftskunst etwas vorzügliches leistete, brachte die Landöconomie gar bald in Flor. Die Folge davon war, daß sich bey jeder Licitation der Cammergüter eine grosse Menge Pachter fanden, welche den Pacht nach und nach dergestalt steigerten, daß die meisten Cammergüter noch zweymal so viel Einkünfte brachten, als sie bey Anfang seiner Regierung eingetragen hatten. In der That hat ein Regent bloß an den zu ertheilenden Characteren eine unerschöpfliche Quelle seine Unterthanen zu allen denjenigen Gewerben und Nahrungsgeschäften aufzumuntern, die dem Lande nützlich sind, wenn er nämlich

lich diese Charactere mit Weisheit austheilet. Diese Weisheit kommt fast lediglich darauf an, daß sie niemals bloß für Geld erkauft werden können, sondern daß derjenige, welcher damit bekleidet werden soll, in seiner Lebensart und Gewerbe etwas besonderes dem Lande nützliches geleistet haben muß. Wenn man sich zur festen und unverbrüchlichen Regel setzet, daß kein Besitzer eines Landgutes einen Character erhalten kann, der nicht neue, nützliche oder wenigstens im Lande noch nicht eingeführte Erfindungen und Bearbeitungsarten in der Landwirthschaft gemacht und betrieben, oder unfruchtbare Heiden und Moräste angebauet und nutzbar gemacht hat, daß kein Kaufmann characterisiret werden soll, der nicht eine neue, dem Lande nützliche Handlung und Gewerbe zu Stande gebracht hat, kurz, daß niemand anders einen Titel und Rang erlangen kann, der nicht besondere und ungezweifelte Verdienste für sich hat, wie bald würde man nicht die Landwirthschaft und die Commercien blühen und die wüsten Gegenden des Landes cultiviret sehen. Dieses Mittel würde insonderheit in Dänemark von grosser Wirkung seyn, wo die Besitzer der Landgüter entweder von Adel oder mit einem Character versehen seyn müssen, wenn sie gewisse ansehnliche Privilegia und Freyheiten geniessen wollen. Zugleich würde die Geringschätzigkeit der Charactere vermieden werden, die allemal gewiß erfolget, wo dieselben bloß

für

für Geld ertheilet werden. Die Auslösungsgebühren für die Decrete würden demungeachtet dabey statt finden können. Man siehet leicht, daß die Charactere eben so wirksam bey den Manufacturen und Fabriken seyn werden, wenn man diejenigen damit bekleidet, die eine neue Art der Manufacturen und Fabriken oder sonst ein wichtiges Werk in diesen Nahrungsgeschäften angeleget und in Flor gebracht haben. Es wäre aber zu wünschen, daß man mit Ertheilung solcher Charactere nicht eben sehr eilete. Man ertheilet öfters den Anlegern neuer Manufacturen und Fabriken dasjenige viel zu frühzeitig, was die Belohnung eines dauerhaften, blühenden und nicht mehr zweifelhaften Werkes seyn sollte. Wir haben schon oben davon geredet, daß die frühzeitigen Titel mehr die Eitelkeit und Verschwendung und folglich den Untergang der Fabrikanten nach sich ziehen, als daß sie das angelegte Werk befördern sollten.

Auch die gemeinen Manufacturarbeiter müssen gewissermaassen in Achtung stehen.

Die Achtung für die Manufacturiers und Fabrikanten muß sich nicht allein auf die Anleger solcher Werke, sondern auch auf die gemeinen Arbeiter erstrecken. Sie müssen von der Werbung und den Soldatendiensten befreyet seyn. Man kann ihnen in Degen tragen, wenn es einmal im Lande andern Künsten und Gewerben gestattet wird, in Kopfsteuern und andern kleinen Abgaben verschiedene Vorzüge zugestehen; und was würde es nicht für eine

Auf=

Aufmunterung zu diesen Nahrungsgeschäften seyn, wenn man verordnete, daß in Landen, wo die Leibeigenschaft statt findet, derjenige, so gewisse Jahre bey den Manufacturen und Fabriken gearbeitet hat, von diesem Joche frey seyn sollte. Der Landesherr könnte dem Herrn des Leibeigenen dafür eine Vergütung zugestehen, wenn er sich aus Gütigkeit seiner landesherrlichen Befugniß und höchsten Gewalt nicht gebrauchen wollte, die man ihm in allen Dingen, die zum allgemeinen Besten des Staats gereichen, nicht absprechen kann. Wenn aber auch dieses nicht geschähe, so würden die Herren der Leibeigenen dabey nichts einbüssen. Eben diese Leibeigenschaft und der Mangel der Nahrung veranlasset in solchen Ländern, daß jährlich eine grosse Menge Leibeigenen aus dem Lande gehen, um in andern Staaten ihren Unterhalt und ein besseres Schicksal zu finden, ohne daß es ihre Herren zu verhüten im Stande sind. Diese Leibeigenen gehen auf diese Art nicht allein für sie, sondern auch für das Land verlohren; dahingegen sie bey meinem Vorschlage wenigstens für das Land beybehalten werden würden.

Ein anderes Beförderungsmittel ist die Anreizung zu neuen Erfindungen.

Nächst der Achtung für die Manufacturiers und Fabrikanten ist die Anreizung zu neuen Erfindungen in Manufactur- und Fabrikensachen ein nicht ausser Augen zu setzendes Beförderungsmittel. Es sind vielleicht bey keiner Sache so viel neue Erfindungen möglich, als bey den Manufacturen und Fabriken.

Die

Die Fabriken sind so unerschöpflich an neuen Erfindungen, als es ihre Quelle, die Chymie, selbst ist; und bey den Manufacturen können tausend Veränderungen, tausend neue Desseins und tausend neue Bearbeitungsarten ausfindig gemacht werden. Wir haben schon oben erinnert, wie nützlich die neuen Erfindungen bey diesen Nahrungsgeschäften sind und daß sich vermöge derselben auch für die spät anfangenden Nationen der auswärtige Debit erreichen läßt. Ja man kann sagen, der Erfindungsgeist ist die Seele der Manufacturen und Fabriken; und eine sinnreiche Nation wird es allemal darin am weitesten bringen. Diese Erfindungen können entweder ganz neu seyn, oder sie können es nur für diese besondere Nation seyn. So ist z. E. die Raffinirung des Borax an sich selbst keine neue Erfindung; sie wird es aber ausser Venedig und Holland für eine jede andere Nation seyn. Beyde Arten der Erfindungen sind gleich nützlich, und zu beyden müssen die Unterthanen angereizet werden. Diese Anreizung geschiehet auf keine kräftigere Art als durch Belohnungen. Es wäre zu wünschen, daß hier alle Staaten, welche die Einführung der Manufacturen und Fabriken zum Augenmerk haben, das Beyspiel des Englischen Parlements nachahmen möchten, welches alle neue nützliche Erfindungen großmüthig belohnet, indem es den Erfindern öfters wichtige Geldsummen auszahlet, mit der Bedingung, daß ein jeder seine Erfindung

bekannt

bekannt machen muß, oder wenn es dem Erfinder ein Privilegium exclusivum ertheilet; so geschiehet es doch allemal mit der Bedingung, daß er allen denjenigen seine Erfindung mittheilen soll, die ihm eine gewisse Summe Geldes dafür zahlen, als wodurch zugleich die Schädlichkeit der Monopolien verhütet wird. Es ist wahr, nicht alle Regierungen können so viel Geld auf Belohnungen verwenden, als das englische Parlament zu thun im Stande ist. Allein sie werden allemal ihre Wirkungen haben, wenn sie auch in viel geringerer Maasse ausgetheilet werden. Besonders ist es nöthig, daß man auf solche Erfindungen gewisse ansehnliche Prämien setzet, an welchen zur Aufnahme der Manufacturen und Fabriken und des Nahrungsstandes am meisten gelegen ist. Patriotische Privatpersonen würden diese Absicht der Regierung sehr befördern können, wenn sie nach dem Beyspiel der Antigallicanischen Societät in England die Manufacturiers und Fabrikanten auf alle Art aufmuntern und auf diese oder jene Erfindungen, oder im Lande noch nicht eingeführte Arbeiten, kleine Prämien aussetzen wollten. Die vereinigte Bemühung einer solchen Gesellschaft würde bey einer wohl überlegten Einrichtung von einem jeden Mitgliede nur einen mässigen jährlichen Beytrag erfordern, der bemittelten Leuten wenig zur Last fallen könnte; und es würde in der That allen andern Nationen zur Schande gereichen,

chen, wenn allein die Engländer einer solchen edlen Liebe für das Vaterland und solcher großmüthigen Empfindungen fähig wären. Der Regent, welcher der Brunnquell aller Gnaden ist, hat tausenderley Mittel in Händen, den lobenswürdigen Eifer solcher Patrioten zu belohnen, ohne daß solches zum Nachtheil seiner Finanzen geschehen darf. Er darf sich nur zur Regel setzen, daß er diese patriotischen Bemühungen unter die wahren Verdienste rechnen will; so wird er, wenn seine Regierung mit Weisheit geführet wird, diesen nützlichen Eifer nicht unbelohnet lassen.

Das grosse Beförderungsmittel ist der Debit der Manufactur- und Fabrikenwaaren.

Wir kommen nunmehr auf das grosse Beförderungsmittel der Manufacturen und Fabriken, welches das allerwichtigste und gleichsam der Inbegriff vieler andern Beförderungsmittel ist. Dieses ist der Debit oder Absatz der Manufactur- und Fabrikenwaaren. Es ist gewiß, daß der gute Fortgang der Manufacturen hauptsächlich und fast allein darauf ankommt; so daß bey Anlegung aller Fabrikaturen die erste Ueberlegung seyn muß, ob man sich auch genugsamen Absatz der zu verfertigenden Waaren zu versprechen hat; und es würde eine unverzeihliche Thorheit seyn, wenn man grosse und kostbare Anstalten zu Verfertigung solcher Waaren machen wollte, die wenig gebraucht werden, oder die bald ausser der Mode kommen können, oder die in an-

dern

dern Landen so wohlfeil und gut gemacht werden, daß unsere dagegen wahrscheinlicher Weise niemals gesuchet werden dürften. Eine Waare mag noch so schön und gut seyn und die Anstalten zu deren Fabrikatur mögen noch so wohl und weislich eingerichtet seyn, so ist das alles vergeblich, und die Fabrike wird gar bald zu Grunde gehen müssen, wenn der Debit derselben ermangelt. Eine Waare, die keinen Absatz hat, ist auch alles Werthes beraubt; und die Kosten, die daran verwendet werden, sind so gut als weggeworfen. Die Hofnung eines künftigen, aber entfernten Absatzes kann bey Anlegung der Fabriken nicht einmal zureichend seyn. Das größte Vermögen würde erschöpfet werden, wenn man beständig aufwenden und nichts dagegen einnehmen sollte. So gewiß ist es demnach, daß der Absatz das grosse Augenmerk und das hauptsächlichste Beförderungsmittel aller Manufacturen und Fabriken ist. Es ist mithin nöthig, daß wir dieses grosse Beförderungsmittel mit dem ganzen Zusammenhange von Hülfsmitteln, die es unter sich begreift, ausführlich abhandeln. Zu dem Ende wollen wir zuförderst die Mittel und Maaßregeln erwägen, wodurch überhaupt der Debit der Manufactur- und Fabrikenwaaren befördert wird: und gleichwie der Debit in den inländischen und auswärtigen einzutheilen ist; so wollen wir sodann die Mittel vorstellig machen, wodurch eine jede Art insonderheit erreichet wird.

Zu dem Debit überhaupt werden dreyerley Eigenschaften der Waaren erfordert; 1) die Güte und Tüchtigkeit derselben.

Wenn der Debit überhaupt befördert werden soll; so müssen die Waaren dreyerley Eigenschaften haben; sie müssen gut oder tüchtig, schön und wohlfeil seyn. Wir haben von der Güte und Tüchtigkeit der Waaren schon in dem vorhergehenden Hauptstücke gehandelt und zu dem Ende für nöthig befunden, daß über die Beschaffenheit derselben Reglements und Vorschriften gegeben und strenge Beschauanstalten angeordnet werden. In diesen Reglements muß man die größte Güte und Tüchtigkeit der Waaren zum Augenmerk haben; und wenn es Völker giebt, welche diese oder jene Waare in einer grössern Güte und Tüchtigkeit verfertigen, als wir, so muß die Regierung alle nur mögliche Maaßregeln ergreifen, um eben diese Güte und Tüchtigkeit bey den Landeswaaren einzuführen. Es wird ihr gewiß niemals fehlschlagen, wenn sie die Sache mit Ernst und Klugheit angreift. In solchen Dingen, als die Zubereitung der Waaren ist, finden niemals undurchdringliche Geheimnisse statt. Wir müssen jedoch hier eine Einschränkung hinzufügen, nämlich die Waaren müssen nie von einerley Güte und Tüchtigkeit seyn. Der Geschmack und die Absicht der Käufer ist allemal verschieden und hiernach muß man sich bey Verfertigung der Waaren richten. Dieses findet so wohl bey inländischen als ausländischen Käufern statt; und in Ansehung der Ausländer muß man sich insonderheit nach dem Geschmack

schmack derjenigen Nationen richten, mit welchen wir den meisten Handel in dieser oder jener Art Waaren haben. Der Wille des Käufers hat hier allemal den Vorzug; und der Verkäufer mag sich noch so sehr über den schlechten Geschmack des Käufers aufhalten; so läßt ihn der Käufer mit allem seinem schönen Geschmack, mit aller seiner Klugheit und mit samt seinen Waaren sitzen. Es hat sich öfters eine Nation dergestalt an eine gewisse Beschaffenheit der Waaren gewöhnet, daß man ihr vergeblich bessere Waaren zuführet; sie verlanget dieses Bessere nicht. Niemand wird sich einfallen lassen zu läugnen, daß die englischen Tücher nicht viel besser und tüchtiger seyn sollten, als die holländischen. Dennoch haben die Holländer allemal einen grossen Vorzug in dem Tuchhandel nach Rußland gehabt, weil sich einmal ganz Rußland an die leichtern holländischen Tücher gewöhnet hat. So wie die Holländer nicht wohl gethan haben würden, wenn sie Tücher von eben der Güte und Tüchtigkeit, als die englischen hätten nach Rußland bringen wollen; so haben die Engländer nicht allen ihren Vortheil beobachtet, daß sie sich nicht nach dem Geschmack der Russen bequemet und eine leichtere Art Tücher für sie verfertiget haben. Hieraus folget, daß allemal Waaren von verschiedener Güte und Tüchtigkeit verfertiget werden müssen, und dieses muß schon in den Reglements bestimmet werden. Niemals aber muß die verschiedene Güte auf die begangenen Fehler und Nachlässigkeiten der Arbeiter ankommen. Auch bey dieser verschiedenen Güte muß eine jede Waare in ihrer Art vollkommen, nämlich den Reglements gemäß gearbeitet seyn.

2) Die Schönheit der Waaren. Die Schönheit der Waaren begreifet zwar im philosophischen und weitläuftigen Verstande auch die Güte und Tüchtigkeit derselben in sich. Allein hier verstehen wir unter der Schönheit nur das äusserliche, was das Auge reizet. Dieses, welches allemal den Käufern gefällt, ihr Geschmack und Absicht mag auch noch so verschieden seyn, muß man allen Arten von Waaren zu geben suchen, sie mögen auch der Güte nach beschaffen seyn, wie sie wollen. Man findet öfters, daß Waaren sehr gesucht werden, die von innrer Güte sehr schlecht sind, die aber durch ihr äusserliches Ansehen das Auge vergnügen. Diese äusserliche Schönheit kommt gemeiniglich auf die Beschaffenheit der Farben, auf den Glanz und auf die Desseins an; und vielleicht ist es hauptsächlich dasjenige, was den französischen Waaren zeither einen so grossen Absatz verschaffet hat. Man muß deswegen bey Anlegung der Manufacturen und Fabriken beständig bedacht seyn, den Waaren alle mögliche äusserliche Schönheiten zu geben. Allein je mehr neue Manufacturen und Fabriken dieses Augenmerk nöthig haben, wenn sie vor den

andern

andern bereits in Flor stehenden Werken aufkommen wollen; so habe ich doch bemerket, daß es gar öfters daran mangelt. Waaren, die an sich selbst nicht von geringer Güte gewesen sind, haben durch ihr äusserliches Ansehen ein viel schlechteres Urtheil von sich veranlasset, als sie in der That verdienet haben (23).

Die dritte Eigenschaft der Waaren, wodurch der Debit überhaupt befördert wird, ist, daß sie wohlfeil seyn müssen; und diese Ursache des Absatzes ist so wichtig, daß fast alles darauf ankommt, indem

3) Der wohlfeile Preis der Waaren.

(23) Hieher gehört vornehmlich die Regel, jede Waare nach der neuesten Mode zu machen. Aber da wir einmal den lächerlichen Wahn angenommen haben und beybehalten, daß Moden nur zu Paris, oder allenfals auch wohl zu London erfunden werden können, so folgt daraus, daß sich unsere Künstler immer nur mit Nachahmung Französischer und Englischer Arbeit beschäftigen müssen. Diese erfordert sehr oft mehr Geschicklichkeit und Fleiß als die Erfindung selbst, und wenn denn auch den teutschen Künstlern endlich die Nachmachung völlig geglückt ist, so schickt Paris, so bald es seinen Vorrath den Ausländern verkauft hat, wieder eine andere Mode; alsdann müssen die Teutschen Arbeiter ihre aufs beste nachgemachte, aber unter der Arbeit altmodig gewordene Waaren mit grossem Schaden verkaufen oder behalten; sie müssen den Vorsatz nachzuahmen aufgeben, und den höchst ungerechten Vorwurf ertragen, daß sie ohne Geschmack arbeiten und nur grobe altägliche Sachen machen, auf welche die Mode wenig würken kan. Das beseufzen Teutsche Patrioten, und fahren fort, was sie brauchen, aus Paris kommen zu lassen.

dem so gar öfters Waaren grossen Abgang haben, bloß weil sie wohlfeil sind, ob gleich an ihrer Güte, Tüchtigkeit und Schönheit vieles auszusetzen ist. In der That ist der wohlfeile Preis das allerwirksamste Mittel, den Debit an sich zu ziehen. Der Kaufmann, der bloß durch seinen grössern Vortheil geleitet wird, wenn ihm durch das Verbot der Einfuhr nicht die Hände gebunden sind, wird so fort mit uns handeln, wenn er eben so gute und tüchtige Waaren von uns empfängt, davon ihm an Ort und Stelle das Stück nur um ein weniges wohlfeiler zu stehen kommt, als er diese Waaren zeither einzukaufen gewohnt gewesen ist; und wenn der Unterschied des Preises sehr beträchtlich ist; so wird er dennoch unsere Waaren suchen, ob er gleich einige Mängel in Ansehung ihrer Güte und Schönheit bemerket. Er wird sich allemal darauf verlassen, daß seine Abkäufer nicht gleiche Einsicht und Absicht haben werden. Der wohlfeile Preis der Waaren muß demnach eines der allerwichtigsten Augenmerke bey neu anzulegenden Manufacturen und Fabriken seyn, wohin alle Anstalten, als auf ihren Mittelpunct gerichtet seyn müssen. Es giebt verschiedene Ursachen, welche zu dem wohlfeilen Preise der Waaren das ihrige beytragen, davon wir demnach die wichtigsten hier vorstellig machen müssen.

Der wohlfeile Preis der Waaren wird befördert: a) Durch wohlfeile Lebensmittel.

Ich habe schon in dem zweyten Abschnitte gezeiget, wie viel der wohlfeile Preis der Lebensmittel zu dem wohlfeilen Preise der Waaren beyträgt, und daß diejenigen Prinzen ihren wahren Vortheil sehr schlecht verstehen, welche die stärksten Abgaben auf die Consumtion der nothwendigsten Lebensmittel legen. So ansehnlich und gewiß dadurch ihre Einkünfte werden; so sehr verhintern sie dadurch das Aufkommen der Manufacturen und Fabriken und mithin einen auswärtigen vortheilhaften Handel, welcher doch die Quelle von dem Reichthum ihrer Staaten und ihrer eignen Macht ist. Indem aber das Aufkommen der Manufacturen und Fabriken verhintert wird; so wird zugleich durch die gegenseitige natürliche Wirkung das Geld für so viele Waaren zur Nothdurft und Bequemlichkeit des menschlichen Lebens ausser Landes getrieben; und da dieses nach und nach die äusserste Armuth des Landes nach sich ziehen muß; so muß endlich ein Zeitpunct kommen, in welchem die Quelle der ansehnlichen und gewissen Abgaben auf die nothwendigsten Consumptibilien, welche so viel Reizungen für die Cameralisten haben, fast gänzlich vertrocknen wird, weil sich die Unterthanen wegen Armuth ausser Stande befinden, solche zu entrichten. Ich habe auch in eben diesem Abschnitte gezeiget, wie viel der Flor der Landwirthschaft zu dem glücklichen Fortgange der Manufacturen und Fabriken beyträgt; denn je mehr die

Landwirthschaft blühet, je wohlfeiler werden allemal auch die Lebensmittel seyn; und desto weniger Theurung wird man zu befürchten haben, die allemal gleichsam eine Pest für die Manufacturen und Fabriken ist. Seitdem England seine Landwirthschaft in einen so vollkommenen Zustand gesetzet hat; so hat man daselbst wenig oder nichts von einer Theurung erfahren, ungeachtet Frankreich, Teutschland und andere Nachbarn von England binnen diesem Zeitraume einigemal sehr stark damit heimgesucht worden sind.

b) Durch den wohlfeilen Preis der Materialien.

Der blühende Zustand der Landwirthschaft giebt noch ein anderes Hülfsmittel zu dem wohlfeilen Preise der Manufactur- und Fabrikenwaaren an die Hand. Dieses ist der wohlfeile Preis der Materialien; und in der That ist dieses Hülfsmittel so nothwendig und wirksam, daß es alle Aufmerksamkeit verdienet. Es befördert nicht allein den wohlfeilen Preis der Waaren, sondern wir haben auch schon in den vorhergehenden Abschnitten verschiedentlich erinnert, daß dadurch der Ausfluß des Geldes erspahret wird, und daß man von andern Nationen immer weniger abhängig ist, je weniger man Materialien von ihnen nöthig hat. Es muß demnach eine der hauptsächlichsten Maaßregeln der Regierung seyn, daß alle Materialien so viel möglich im Lande selbst gewonnen und zu einem wohlfeilen Preise gebracht

bracht werden. Es ist daher rathsam auf die nothwendigsten Materialien gewisse Prämien für diejenigen auszusetzen, die solche in einer bestimmten ansehnlichen Quantität gewinnen; so wie es zu Bewirkung eines wohlfeilen Preises zuweilen nöthig ist, die Ausfuhr gewisser Materialien bey den härtesten Strafen zu verbieten. Der König Friedrich Wilhelm von Preussen, der so gar die Lebensstrafe auf die Ausfuhr der Wolle setzte, bewirkte durch dieses Mittel einen merklich wohlfeilern Preis der Wolle in seinen Landen, gegen deren Preis in andern Staaten; und der gute Fortgang der Wollenmanufacturen in den brandenburgischen Staaten, die jährlich für eine sehr beträchtliche Summe Waaren auf die Leipziger Messen liefern, ohne ihren Absatz in andern Staaten zu rechnen, ist dieser Ursache größtentheils beyzumessen (24). Diejenigen Staaten, welche in andern Welttheilen Colonien haben, können sich vor andern Ländern eines grossen Vorzugs rühmen. Sie kön-

(24) Aber man falle nicht auf den unseligen Gedanken, die Landwirthschaft den Manufacturen aufzuopfern; das heißt: man schmälere nie die Einnahme des Landmannes um den Handwerkern wohlfeile Materialien zu verschaffen. Die Landwirthe mögen ihre Producte da verkaufen, und die Handwerker ihre Materialien da einkaufen, wo sie für sich die besten Preise finden. Chursachsen hat seine Wolle verbessert, aber es hat die Ausfuhr nicht verbothen, und würde durch ein solches Verboth die Schäfereyen wieder verderben. Man vergleiche hiemit das Ende des fünften Abschnittes.

können daselbst viele Materialien gewinnen, welche andere Länder ihrer Himmelsgegend nach nicht erzeugen können; und dieses ist eben der eigentliche Endzweck solcher Colonien. Sie können weder Handel, noch Manufacturen und Fabriken haben, ohne dem Hauptstaate, von dem sie abhängen, nachtheilig zu fallen; und das Hauptaugenmerk einer weisen Regierung bey solchen Colonien muß seyn, alle natürliche Vortheile derselben zu Erzeugung der Materialien zu nutzen. Wenn zwar dergleichen Materialien in den Colonien erzeuget werden, solche aber in hohem Preise sind; so liegt gewiß der Fehler an der üblen Einrichtung der Colonien und an der Beschaffenheit des Handels aus dem Hauptstaate dahin. Viele Gebrechen in der Regierungs- und Polizeyverfassung solcher Colonien können in denselben eine Theurung verursachen, da es doch in denselben natürlicher Weise am allerwohlfeilesten seyn sollte; so wie die Kaufleute des Hauptstaates, die den Handel nach den Colonien in Händen haben, durch einen unmässigen Vortheil gleichfalls eine Theurung in denselben veranlassen können. Allein so bald eine weise Regierung die Ursachen der Theurung in den Colonien aufmerksam untersuchet; so wird es ihr auch nicht schwer fallen, dieselbe durch wirksame Maaßregeln aufhörend zu machen.

c) Durch wohlfeilen Arbeitslohn.

Um zu einem wohlfeilen Preise der Waaren zu gelangen; so ist es auch nöthig, daß der Arbeitslohn mässig ist. Wir haben schon verschiedentlich erinnert, daß der wohlfeile Arbeitslohn fast allein von dem wohlfeilen Preise der Lebensmittel abhängt; und in so weit ist also dieses Hülfsmittel eine Folge aus einem der vorhergehenden Mittel. Allein es giebt noch ein anderes Hülfsmittel die Arbeit wohlfeil zu haben, welches mit dem wohlfeilen Preise der Lebensmittel keinen Zusammenhang hat. Dieses ist, daß man, wo möglich, die Menschenhände ersparet, und sich dafür der Maschinen bedienet, indem öfters eine Maschine in einem Tage so viel verrichten kann, als hundert Menschenhände nicht ausrichten können. Das Gesetz der Sparsamkeit, welches ein Gesetz der Natur ist, die niemals überflüssige und zahlreiche Kräfte anwendet, wo sie ihren Endzweck mit wenigern Kräften erreichen kann, ist noch mehr ein Gesetz eines weisen Regenten, der niemals etwas überflüssiges aufwenden soll, und der mit den Händen und der Arbeit seiner Unterthanen eben so sparsam zu verfahren Ursache hat, als in der ganzen übrigen Oeconomie des Staats. Ich kenne den Einwurf, den man gemeiniglich wider dergleichen Maschinen zu machen pfleget, nämlich, daß dadurch vielen hundert Menschen die Nahrung und der Unterhalt entzogen würde; und ich weiß auch, daß man an verschiedenen Orten die Schwachheit gehabt

habt hat, die nützlichsten Maschinen dieser Ursachen halber zu verwerfen. Allein einen solchen Einwurf zu wissen und denselben für lächerlich und ungereimt zu halten, muß bey einer vernünftigen Einsicht ganz einerley seyn. Nach vernünftigen Grundsätzen, würde dieser Einwurf alsdenn erst einigen Betracht verdienen, wenn ein Staat solchergestalt bevölkert wäre, daß es eine Unmöglichkeit wäre, den durch eine Maschine ersparenden Menschenhänden eine anderweite Beschäftigung zu verschaffen; und auf einen solchen Punct der Bevölkerung wird wohl niemals ein Staat gelangen; so wenig, als es jemals einer weisen Regierung fehlen kann, den dadurch erledigten Menschenhänden anderweit nützliche Arbeit zu verschaffen. Ob diese Veränderung mit der gänzlichen Zufriedenheit der Arbeiter geschiehet, dieses ist eine ganz andere Frage, die von eben der Natur und Beschaffenheit ist, als wenn man Bedenken trägt, sichtbare Fehler in der Verfassung und Einrichtung des Staats zu verbessern, aus Furcht denjenigen wehe zu thun, die zeither aus dieser fehlerhaften Einrichtung ihren Nutzen gezogen haben. Solche Fragen können Niemand einen Augenblick in Zweifel setzen, so bald man eine andere Frage aufwirft, ob nämlich das allgemeine Beste des Staats, oder der besondere Nutzen einiger Privatpersonen vorzuziehen seyn. Ich läugne gar nicht, daß ein weiser und gütiger Regent, denjenigen eine

billige

billige Vergütung, oder anderweite Versorgung angedeihen lassen muß, die bey einer Verbesserung des Staats Schaden leiden, oder ausser Brod gesetzet werden, wenn sie an der fehlerhaften Einrichtung, die verbessert wird, keine Schuld tragen. Allein daß diese Verbesserung deshalb ganz und gar nachbleiben müste, das ist einer der allerungereimtesten Sätze, der auf nichts weniger hinausläuft, als alle Gebrechen des Staats zu verewigen. Unterdessen haben, leider! die Betrachtungen für den Privatvortheil in den meisten Staaten überaus grosses Gewicht; und fast alles Gute wird dadurch gehintert. So bald das Privatinteresse einiger Leute von Ansehen dabey leidet; so darf man sich nur nicht einbilden, daß eine Verbesserung, wenn sie auch noch so offenbar und heilsam wäre, zu Stande kommen wird (25).

Endlich wird auch zu dem wohlfeilen Preise der Manufactur- und Fabrikenwaaren erfordert, daß sie in Menge verfertiget werden, oder daß ein Zusammenfluß vieler Waaren von einerley Art entstehet. Je mehr Verkäufer vorhanden sind, die alle ihre Waaren ins Geld setzen wollen, je wohlfeiler werden allemal die Waaren losgeschlagen werden. Man

d) Durch einen grossen Zusammenfluß von Waaren.

(25) Hieher gehört was **Stewart** I S. 154 und II S. 154 von den Mitteln, die Preise der Manufacturwaaren zu vermindern, und von den vortheilhaften Maschinen geschrieben hat.

Man siehet leicht, daß es demnach nöthig ist die Werke in einerley Art der Manufacturen und Fabriken zu vervielfältigen. Folglich muß es ein unverletzlicher Grundsatz einer weisen Regierung seyn, niemals über eine Art der Manufacturen und Fabriken, sie sey auch, welche sie wolle, Monopolien oder ausschliessende Privilegien zu ertheilen. Der Monopolist, der versichert ist, daß ihm kein anderer den Kauf verderben kann, wird seine Waaren niemals wohlfeilen Preises geben; und niemals wird er sie in solcher Menge verfertigen, daß er sich derselben mässigen Preises zu entledigen genöthiget sähe. Er wird die Verfertigung auf den Absatz in der Stadt oder in dem Lande einschränken, worin er das Monopolium hat, und man darf bey den Monopolien niemals daran denken, mit solchen Waaren zu einem auswärtigen Handel zu gelangen, der doch den Reichthum des Landes allein befördern kann, als welches eine der Hauptabsichten eines Staats seyn muß. Ehedem hat man diese Wahrheiten wenig eingesehen; und man war fast in allen Landen sehr fertig Monopolien zu ertheilen; indem man dieses als die leichteste Art ansahe, Manufacturen und Fabriken zu Stande zu bringen. Allein heut zu Tage ist man fast allenthalben mit den guten Grundsätzen besser bekannt geworden; und in Staaten, wo man glaubt, daß die Privatpersonen dem ungeachtet kein Unrecht und Nachtheil leiden

müssen,

müssen, wenn es darauf ankömmt, die Fehler der vorhergehenden Regierungen zu verbessern, siehet man sich genöthiget, solche Privilegien mit grossen Kosten wieder an sich zu kaufen. Wenigstens hat man in Dänemark, wo ungeachtet der unumschränkten Regierungsform die allergütigsten und gelindesten Grundsätze herrschen, verschiedene Beyspiele gesehen, daß der König solche ehemals ertheilte Privilegien mit ansehnlichen auf viele tausend Thaler sich belaufenden Geldsummen vergütet und zurückgenommen hat. Unterdessen, wenn auch die Monopolien vermieden werden; so gehet es doch niemals ohne Schwierigkeiten ab, wenn verschiedene grosse Werke in einerley Art der Manufacturen oder Fabriken zu Stande kommen sollen. Diese Werke selbst legen einander tausenderley Hinternisse in den Weg. Wir werden davon in dem folgenden Abschnitte mit mehrerem handeln. Deswegen ist es allemal besser in solchen Manufacturen und Fabriken, wo ein einziges grosses Werk zu Versorgung des Landes und zum auswärtigen Handel nicht zureicht, nach unserem Rathe in dem vorhergehenden Hauptstücke nur einzelne Fabrikanten zuzulassen. Wo viele einzelne Fabrikanten mit einander eifern: so hat der Neid und der Haß gegen einander keine schädliche Wirkung, weil keiner unter ihnen von solchem Ansehn ist, daß er den andern die Wirkung seines Hasses empfinden lassen könnte. Ihr Neid hat viel-

mehr

mehr die glückliche Wirkung, daß sie einander durch ihren Fleiß, durch ihre Erfindungskraft und durch ihre bessere Waaren zu übertreffen suchen, um einander den Debit abzugewinnen; und dieses ist eben dasjenige, was die Regierung zu wünschen hat. Wenn es einigen gelinget auf diese Art ihr Glück zu machen; so werden diese Beyspiele eine grosse Anreizung für andere seyn, eben diesen Weg zu erwählen, und die Vervielfältigung der Manufacturen und mithin der Zusammenfluß der Waaren wird von selbst entstehen. Der Debit selbst trägt zu dem grössern Zusammenfluß der Waaren ein grosses bey, ungeachtet dieses der Endzweck des grössern Zusammenflusses und des wohlfeilen Preises der Waaren ist. Allein man wird in allen wohl übereinstimmenden Maaßregeln einer weisen Regierung wahrnehmen, daß die wirkende Ursache und der Endzweck einen gleichmässigen Einfluß in einander haben, und daß immer eines das andere befördert. Der inländische Debit ersparet den Ausfluß des Geldes, der ausländische ziehet neues Geld in das Land. Beydes macht die Circulation des Geldes lebhafter. Die Manufacturen und Fabriken werden belebt. Ihre Eigenthümer gewinnen; und dieses reizet immer mehr Leute sich darauf zu legen, wodurch der Zusammenfluß der Waaren, der wohlfeile Preis und der Debit der Waaren immer mehr vergrössert und der gegenseitige Einfluß immer stärker wird. Eben diesen gegenseitigen Einfluß muß man von der Bevölkerung behaupten. Die Manufacturen und Fabriken kommen zuerst der Bevölkerung zu statten; indem dadurch Fremde in das Land gezogen und die Unterthanen, die aus Mangel der Nahrung auszuwandern pflegen, zurückgehalten werden. Allein eben diese Bevölkerung befördert hinwiederum das Wachsthum und die Vervielfältigung der Manufacturen und Fabriken, und mithin den grössern Zusammenfluß der Waaren. Denn je mehr ein Staat bevölkert ist, desto mehr werden sich Leute finden, die bey den Manufacturen und Fabriken ihren Unterhalt suchen. Man muß es gleichsam für einen Probirstein der ächten Grundsätze ansehen, daß alle Maaßregeln auf das allergenaueste zusammenhängen und daß immer eine Anstalt die andere unterstützet und befördert. In der That können auch die wahren Regierungsgrundsätze keine andere Wirkung haben. Denn zielen sie nicht alle zu einerley Endzwecke, nämlich zu dem gemeinschaftlichen Besten des gesammten Staats ab?

Der wohlfeile Preis findet bey solchen Waaren eine Ausnahme, davon das Land das Monopolium hat.

So nöthig es demnach ist, den Bedacht auf einen wohlfeilen Preis der Waaren zu nehmen, um den Absatz derselben allgemein zu befördern; so muß man doch von dieser Regel eine Ausnahme machen, die aber nur in sehr wenig Fällen statt finden wird. Wenn nämlich der Staat das Monopolium in einer gewissen Art von Waaren hat; so ist es nicht nöthig, diese Waaren allzuwohlfeil herunter zu setzen; sondern es ist seinem Nutzen gemäß allen möglichen Vortheil daraus zu ziehen, der nur immer nach der Maasse der Nothwendigkeit und Unentbehrlichkeit dieser Waare daraus zu erhalten stehet. Die Völker haben nie unterlassen, diese Ausnahme vor Augen zu haben. So lange Sachsen gleichsam das Monopolium der blauen Schmalte gehabt hat; so haben die sächsischen Gewerken dieser Blaufarbenwerke sich ihre Waaren wohl bezahlen lassen; ja sie haben so gar die Münzsorten an Ducaten oder Louis d'or bestimmet, in welcher sie ihre Farbe bezahlet haben wollen. Eben so haben die Holländer in Ansehung der Gewürzwaaren verfahren. Nachdem sie zuförderst alle kluge Maaßregeln genommen hatten, um zu verhüten, daß die Gewürze nicht in die Hände andrer Völker gerathen möchten; so haben sie lieber ihren überflüssigen Vorrath von Zeit zu Zeit verbrennen, als sich dessen durch einen wohlfeilen Preis entledigen wollen. Man kann diese Maaßregeln nach der Staatskunst nicht verdammen, weil es allemal erlaubt ist, aus einer Sache, die in unserem Eigenthum und Gewalt ist, allen nur möglichen Vortheil zu ziehen: und vielleicht wird auch die Sittenlehre nichts dawider einzuwenden haben, wenn es eine Sache betrift, die nicht zu den Nothwendigkeiten des Lebens gehöret und deren Verderbung mithin Niemand in Noth und Dürftigkeit setzet. Allein der Umstand, daß ein Volk das Monopolium einer gewissen Art von Waaren an sich ziehen kann, ereignet sich nur nicht allzuhäufig.

Mittel, den inländischen Debit zu befördern.

Nachdem wir nunmehr die Mittel erwogen haben, wodurch der Absatz der Waaren überhaupt befördert wird; so kommen wir nun auf die zwey Hauptarten des Debits insbesondere und zwar wollen wir zuförderst die Maaßregeln betrachten, wodurch der inländische Debit der Manufactur- und Fabrikenwaaren erreichet wird.

1) Die Einrichtung der Zölle ist das Hauptmittel des inländischen Debits; dazu gehört

Hier haben wir es nun zuförderst mit der Einrichtung der Zölle zu thun. Die Zölle sind der grosse Leitfaden, womit die Regierung die Commercien des Landes zur Aufnahme derselben und zu Beförderung der Wohlfarth des Staats nach ihrem Wohlgefallen dirigiren kann, und wenn ein Staat gar keine Auflagen zu erheben nöthig hätte; so würden doch die Zölle nothwendig seyn, damit die Commercien nicht einen dem Staate nachtheiligen Gang nehmen können. Insonderheit aber kommt es bey dem Debit der inländischen Waaren gar ungemein viel auf die Einrichtung der Zölle an; und die größte Weisheit der Regierung muß damit beschäftiget seyn. So bald man die Zölle von der Seite der Cameraleinkünfte betrachtet; so ist man schon in Gefahr, in Fehler und Irrthümer zu gerathen. Deshalben sollte auch die Verfassung der Zollgesetze nicht dem Cammercollegio, sondern vielmehr dem Commerciencollegio überlassen werden, weil die Einkünfte hier allemal nur höchstens einen Nebenzweck ausmachen können, und weil die Zölle nach der Beschaffenheit und dem Laufe der Commercien beständig verändert werden müssen. Wenn demnach die teutschen Reichsgesetze den Reichsständen die Erhöhung der Zölle in ihren Landen verbiethen; so entziehen sie ihnen eine Sache, die ihnen zu der Wohlfarth ihrer Staaten, deren Besorgung ihnen doch vermöge der Landeshoheit überlassen worden, unumgänglich nothwendig ist; und dieses Reichsgesetz ist mithin mit der Landeshoheit der Stände gar nicht verträglich. Ueberhaupt aber ist dieses Reichsgesetz ungemein schädlich. Denn die Erhöhung der Zölle zu verbieten und sich doch von Reichswegen weder um Commercientractate mit auswärtigen Völkern und den Lauf der Commercien selbst zu bekümmern, noch sich bemühen, den teutschen Waaren in andern Ländern Eingang zu verschaffen, noch vermöge des Rechts der Repressalien fremde Waaren zu verbieten oder mit höhern Zöllen zu belegen; das ist eben so viel, als wenn die Reichsgesetze geflissentlich verordneten, daß allen Nachbarn von Teutschland frey stehen solle, dasselbe nach eignem Gefallen durch die Commercien zu bevortheilen. In der That geschiehet dieses auch; und es würde noch mehr geschehen, wenn nicht die mächtigen

tigen Reichsstände sich der Accise und Licenten statt der Zölle, als eines Leitfadens der Commercien zu bedienen pflegten, ein Mittel, welches aber auf andre Art seine schädlichen Folgen hat, wie ich oben in dem zweyten Abschnitte gezeiget habe.

a) Die fremden Waaren von der nämlichen Art, als sie im Lande verfertiget werden, sind gänzlich zu verbieten.

Wenn die Einrichtung der Zölle zu Beförderung des inländischen Debits der Manufactur- und Fabrikenwaaren gereichen soll; so muß zuförderst die Einfuhr solcher ausländischen Waaren, davon wir die nämlichen in unsern Manufacturen und Fabriken verfertigen, ganz und gar verboten werden. Nicht allein die Beförderung des Absatzes, sondern auch die Verhütung des Ausflusses des Geldes machen dieses Verbot nothwendig, weil sowohl die Unterthanen gemeiniglich die fremden Waaren mehr lieben, als weil die Kaufleute aus den oben angeführten Ursachen, allemal mehr Neigung zu den ausländischen als inländischen Waaren haben. Wenn man aus Betracht für eine gewisse Nation ihre Waaren nicht gänzlich verbieten will; so pfleget man auf solche Waaren einen sehr hohen Zoll aufzulegen. Ein Zoll, der die Hälfte des Werthes der Waaren ausmacht, ist allemal von eben der Wirkung, als ein gänzliches Verbot, weil der Kaufmann bey einem solchen Zoll unmöglich bestehen kann. Ueberhaupt kann man sagen, daß das gänzliche Verbot einer gewissen Sorte von ausländischen Waaren eine sehr aufmerksame Betrachtung erfordert, ehe man dazu schreitet. Man muß vor allen Dingen erwägen, ob ein solches Verbot wegen der Commercientractate thunlich ist, die wir mit andern Völkern haben. Sodann ist es selten rathsam, diese Art Waaren nur von diesem oder jenem besondern Volke zu verbieten. Ein allgemeines Verbot, zumal wenn wir eben diese Art Waaren selbst verfertigen und diese billige Ursache des Verbotes anführen, ist niemals so beleidigend, als wenn wir nur die Waaren dieses oder jenes besondern Volkes verbieten. Wenn wir aber auch ein allgemeines Verbot ergehen lassen; so muß man doch allemal die Gestalt und den Zusammenhang der Commercien des Landes mit andern Völkern wohl in Betracht ziehen; besonders aber muß man die Beschaffenheit der Commercien mit demjenigen Volke, von welchem wir die zu verbietende Waare am meisten empfangen haben, genau erwägen. Wenn dieses Volk sehr viele Landesproducte von uns kaufet, wenn es eben diese Waaren von andern Völkern eben so gut, bequem und wohlfeil haben kann; so ist es selten rathsam, ein solches Verbot ergehen zu lassen. Dieses Volk wird schwerlich unterlassen unsere Landesproducte gleichfalls zu verbieten; und der Schaden ist alsdenn öfters grösser, als der daraus entspringende Vortheil. Wenn nun vollends unsere Manufactur- und Fabrikenwaaren, deren Absatz zu befördern wir das Verbot ergehen lassen, nicht so gut und wohlfeil sind, als die ausländischen eben dieser Art und wenn folglich ungeachtet des Verbotes diese Waaren heimlich eingeführet werden, welches die größte Strenge, wie wir oben erinnert haben, schwerlich verhintern kann; so ist der Nachtheil desto grösser. Wir beleidigen andere Völker durch das Verbot und leiden vermöge gerechter Repressalien Nachtheil an unsern Commercien und dennoch wird der Endzweck den Absatz unsrer Fabrikenwaaren zu befördern, nür schlecht erreichet. Kurz! wenn ich meine wahre Meynung sagen soll; so bin ich für ein solches Verbot wenig genetgt, ungeachtet es eine in Europa allgemein angenommene Regel zu seyn scheinet, wodurch man aber nichts gewinnet, als daß die Commercien, dieses gemeinschaftliche Band aller Völker, schwer gemacht werden. Das Hauptwerk kommt allemal auf die Güte und den wohlfeilen Preis unserer Waaren an; und hiervon muß man allemal mehr Wirkung erwarten, als von dem Verbot der ausländischen Waaren eben dieser Art. Folglich muß auch das Hauptaugenmerk darauf gerichtet seyn.

b) Die fremden Waaren, davon wir die ähnlichen selbst verfertigen, sind

Diejenigen ausländischen Waaren, wovon zwar die nämliche Art nicht in unsern Landesmanufacturen und Fabriken verfertiget wird, die aber doch mit unsern Landeswaaren eine ähnliche Beschaffenheit haben und zu einerley Endzwecke gebrauchet werden kön-

mit hohen Zöllen zu beschweren. können, folglich den Absatz derselben schwächen, können zwar nicht gänzlich verboten werden, weil es zu hart seyn würde, den Unterthanen eine wahre oder vermeynte Bequemlichkeit und mithin ein Mittel zu ihrer Glückseligkeit zu entziehen, indem in Ansehung der Glückseligkeit die Wahrheit und die Einbildung einerley Wirkung haben, wie schon oben erinnert worden ist. Allein, da diese Waaren doch den Debit der Landeswaaren schwächen, und da es nicht unbillig ist, daß diejenigen, die sich alle Bequemlichkeiten des Lebens zu verschaffen im Stande sind, auch zu den Kosten des Staats das meiste beytragen; so müssen dergleichen Waaren mit hohen Zöllen und Eingangsrechten beschweret werden. Die eigentliche Bestimmung der Grösse der Zölle kommt auf den Grad des Nachtheils an, den sie unsern Manufacturen und Fabriken zufügen. Je mehr sie den Debit unsrer Waaren verhintern, desto höher müssen sie beleget werden. Uebrigens muß man dabey eben sowohl, als bey dem vorhergedachten gänzlichen Verbot der Waaren auf die Commercientractate und auf die Beschaffenheit des Handels mit dieser oder jener besondern Nation sehen. Ein Volk, das viel von unsern Landeswaaren consumiret, wird hier allemal mehr Betracht verdienen, als ein anderes.

c) Die übrigen fremden Waaren sind Diejenigen fremden Waaren, welche dem Absatz der unsrigen keinen Nachtheil zufügen, müssen

nur

nur mit geringen Zöllen beschweret werden. Die Zölle dürfen kein Weg der ordentlichen Abgaben seyn. Ihr Hauptzweck muß allemal auf die Direction der Commercien gerichtet seyn, und zwar die Bilanz in denselben mit auswärtigen Völkern zu gewinnen. Je nothwendiger deswegen eine fremde Waare im Lande ist, desto geringer müssen die darauf gelegten Zölle seyn, dahingegen die entbehrlichen Waaren und unter denselben diejenigen, wofür viel Geld ausser Landes gehet, etwas höher mit Zöllen beleget werden müssen, ob sie gleich dem Debit der unsrigen nicht nachtheilig sind. Nach eben diesen Grundsätzen müssen die fremden Materialien, die wir zu unsern Manufacturen und Fabriken unumgänglich nöthig haben, mit gar keinen Zöllen beschweret werden. Diese Materialien sind für die allernothwendigsten fremden Waaren zu achten; und die darauf gelegten Abgaben können nichts als die Vertheurung unserer Manufactur- und Fabrikenwaaren wirken, welches den vorhin ausgeführten vernünftigen Grundsätzen gerade zuwider ist.

nach dem Grade der Nothwendigkeit mit Zöllen zu belegen.

Wenn unsre Manufactur- und Fabrikenwaaren im Lande aus einer Hand in die andere gehen und Zollstädte passiren; so können nach eben diesen Grundsätzen weder Zölle, noch Consumtions- und andere Abgaben davon genommen werden. Es ist hier kein vernünftiger Grund der Abgaben vorhan-

d) Die Landeswaaren dürfen bey ihrem Transport im Lande gar keinen Zöllen und Abgaben unterworfen werden.

 den,

den, der mit der Wohlfarth des Staats übereinstimmet. Vielmehr würde dadurch eine Theurung dieser Waaren entstehen, die man nach der obigen Ausführung auf alle Art zu vermeiden hat.

2) Durch die Anordnung des Gebrauches der Landesmanufacturen in besondern Fällen

Nächst der klugen Einrichtung der Zölle können noch verschiedene andere Mittel angewendet werden, um den inländischen Debit der Manufactur- und Fabrikenwaaren zu befördern. Hierzu gehöret vornämlich, daß man den Gebrauch der Landesmanufacturen, in besondern Fällen, wodurch ein grosser Verbrauch dieser Waaren geschehen kann, ausdrücklich anordnet. In England ist das Gesetz gegeben, daß alle Todten in Boy gekleidet werden müssen. Hierdurch wird nicht allein ein grösserer unnöthiger Aufwand vermieden, sondern es geschiehet auch dadurch ein grosses Consumo in dieser Art von Wollenmanufacturen. Man siehet nicht, warum nicht eben dergleichen Gesetz in andern Staaten bey der Bekleidung der Todten, bey der Trauer der Bediente und in andern Fällen statt finden könnte.

3) Durch Beförderung der Ueppigkeit mit den Landeswaaren.

Ueberhaupt muß man sagen, daß die Ueppigkeit (Luxus), die mit den Manufactur- und Fabrikenwaaren des Landes getrieben wird, eines der allerwirksamsten Beförderungsmittel für den inländischen Debit ist. Die Ueppigkeit ist nur in so fern schädlich, als sie mit ausländischen Waaren getrieben wird, und wenn sie in diesem oder jenem besondern

dern Falle dergestalt zur herrschenden Mode wird, daß sich Niemand in diesen Fällen derselben entbrechen kann, ohne in den Augen seiner Mitbürger geringschätzig zu werden. Ich habe dieses in den Grundsätzen der Polizeywissenschaft ausführlich gezeiget. In allen andern Fällen ist die Ueppigkeit dem Nahrungsstande ungemein zuträglich. Sie ist die innerliche Wärme des Staatskörpers, wodurch die Circulation des Geldes, als des Blutes dieses Körpers, allenthalben gleichförmig und lebhaft wird. Man kann sich keinen elendern und ärmern Staat vorstellen, als denjenigen, worin gar keine Ueppigkeit statt findet. Wenn sich alle Menschen mit der Nothdurft in strengem Verstande begnügen wollten, was für eine Menge von Nahrungsgeschäften und Handthierungsarten, würden nicht ganz und gar aufhören, und wie eingeschränkt würden nicht selbst diejenigen getrieben werden, die zur wahren Nothdurft des Lebens erfordert werden. Ein solcher Staat ohne Ueppigkeit würde vielleicht kaum die Hälfte der Menschen ernähren können, als ein anderer und würde in einer Trägheit und Schläfrigkeit begraben liegen, die seine wenigen Kräfte vollends unbrauchbar machte. Wenn vollends der Unterschied der Stände und des Vermögens in einem solchen Staate statt fände und die Vornehmen und Reichen wollten sich allein auf die Nothdurft einschränken; so würden die armen Einwohner, die allemal der größte Theil sind, in dem allerelendesten Zustande leben, der sie entweder zur Verzweifelung treiben, oder sie ganz und gar für den Staat unnütz machen würde. Man siehet demnach, daß die Regierung nichts weniger thun muß, als die Ueppigkeit mit den inländischen Waaren zu unterdrücken, sondern daß sie vielmehr die Ueppigkeit in Verbrauch dieser Waaren auf alle Art befördern muß, wenn der inländische Debit erreichet werden soll.

Von dem ausländischen Debit, welcher bewirket wird.

Wir kommen endlich auf den ausländischen Absatz der Manufacturen und Fabrikenwaaren, welcher zu Beförderung dieser Nahrungsgeschäfte von überaus grosser Wichtigkeit ist. Denn so bald man einen beträchtlichen auswärtigen Absatz erlanget hat; so ist der Flor der Manufacturen und Fabriken eine natürliche Folge davon. So bald für diese Waaren Geld in das Land eingehet, so bekommen diese Nahrungsgeschäfte neue und vermehrte Kräfte. Die Manufacturiers und Fabrikanten vermehren ihre Arbeiter, die Circulation des Geldes wird grösser und lebhafter; es gehet mehr Geld in die Hände des Kaufmanns für eine grössere Menge von Materialien, die man verbrauchet; und aus den Händen des Kaufmanns, des Landmanns und des Arbeiters gehet dieses Geld in alle andere Arten von Nahrungsgeschäften über, so daß alle und jede den Einfluß davon empfinden. In der That ist keine Bereichereicherung des Staats dem Lande und insonderheit dem Nahrungsstande so nützlich, als diejenige, welche durch Commercien und Manufacturen geschiehet; und man kann behaupten, daß eine Million, wenn sie durch Krieg, durch reiche Bergwerke oder auf andere Art dem Reichthume des Staats hinzugesetzet wird, für das Aufnehmen des Nahrungsstandes bey weitem nicht so gesegnete Folgen hat, als eine halbe Million, die durch den ausländischen Debit der Manufacturen und Fabrikenwaaren in das Land eingehet. Es ist wahr, es ist für eine Nation, die heutiges Tages die Manufacturen und Fabriken erst gründen und blühend machen will, sehr schwer sich ausländischen Debit zu verschaffen. Die andern Nationen haben bereits viele Vortheile über sie und einen allzugrossen Vorsprung. Unterdessen ist es doch nicht ganz unmöglich. Der wohlfeile Preis der Waaren, den wir unter dem allgemeinen Mittel, den Debit überhaupt zu befördern, betrachtet haben, hat hier eine überaus grosse Wirkung. Die Schweitzer, die ziemlich spät ihre Manufacturen angefangen haben, sind zu einem beträchtlichen auswärtigen Debit gelanget, bloß wegen des wohlfeilen Preises ihrer Waaren, wozu der gänzliche Mangel aller Abgaben nicht wenig beyträgt. Eben diese gute Wirkung haben auch die neuen Erfindungen in den Manufacturen und Fabriken, davon wir gleichfalls oben gehandelt haben. Allein es giebt

auch

auch noch andre Mittel, die zu dem ausländischen Debit nicht wenig beytragen; und je schwerer die Sache ist, desto mehr verdienet sie unsern Fleiß und Aufmerksamkeit, zumal da es für den Nahrungsstand und den Reichthum des Staats eine so überaus wichtige Sache ist. Wir wollen demnach die wirksamsten Mittel zu Beförderung des ausländischen Absatzes allhier vortragen.

1) Durch eine gute Einrichtung der Zölle.

So wie eine gute Einrichtung der Zölle den inländischen Debit sehr befördert; so kommt es auch bey Erreichung des ausländischen Debits gar viel darauf an. Wenn die Regierung die Zölle, diesen Leitfaden der Commercien, mit kluger Hand führet; so kann sie dadurch gar viel ausrichten. Laßt uns sehen, was sie zu thun hat.

a) In Ansehung der ausgehenden Waaren, welche mit gar keinen Zöllen zu belegen sind.

Die ausgehenden Waaren müssen mit gar keinen Zöllen beschweret werden. Dergleichen Zölle würden die Vertheurung der Waaren nach sich ziehen, die, wie wir mehrmalen erinnert haben, dem ausländischen Debit so nachtheilig ist. Der Staat gewinnet auch so viel dabey, wenn Landeswaaren ausgeführet werden und dagegen Geld in das Land eingehet, daß er seinen Vortheil sehr übel verstehet, wenn er diesen Gewinnst durch die Zölle hintern, oder wenigstens verringern und schwer machen wollte. Diese Regel muß sich auf alle andere den Zöllen ähnliche Abgaben erstrecken. Wenn ein Schiff Landes-

waaren

waaren geladen hat und ausführet; so muß es in dem Hafen- Anker- und Admiralitäts-Gelde und allen andern Arten der Abgaben ungleich leidlicher gehalten werden, als andere Schiffe, die dergleichen nicht auf haben. Je mehr die geladenen Landeswaaren werth sind und je mehr der Staat die Ausfuhr dieser oder jener Art der Waare zu befördern wünschet, desto mehr Vorzug muß ein solches Schiff in den Abgaben zu geniessen haben. Dieses wird ungleich bessere Wirkung haben, als wenn man, nach dem Vorschlag des Cammerrath Zinkens und einiger andern Schriftsteller, die Fremden, die Waaren in das Land eingeführet haben, gesetzlich nöthigen wollte, dagegen wieder Landeswaaren auszuführen. Dieser Vorschlag, der zu tausend Schwierigkeiten und Auswegen Gelegenheit geben würde, ist auch der Handelsfreyheit gerade entgegen. Er ist auch gar nicht nöthig, wenn man die Zölle und andere Abgaben klüglich einrichtet. Ein Schiffer oder Fuhrmann ist ohnedem geneigt nicht ledig zurück zu fahren, sondern auch mit der Rückfracht etwas zu verdienen. Wenn er nun vollends in Ansehung der Abgaben viele Vortheile bey dieser Rückfracht siehet; so wird er sich alle ersinnliche Mühe darum geben. Ueberhaupt muß die Regierung ihre hauptsächlichste Aufmerksamkeit und Absicht darauf richten, daß die Landeswaaren nicht durch die Schiffe fremder Nationen, sondern durch die Schiffe ihres

Vol-

Volkes ausgeführet werden. Ein Activhandel ist ungleich vortheilhafter als ein Passivhandel. Allein die dazu erforderlichen Maaßregeln gehören nicht hierher, sondern in eine Abhandlung von den Commercien.

Einige Ausnahmen von der vorhergehenden Regel.

Von dieser Regel, daß die ausgehenden Waaren mit gar keinen Zöllen zu belegen sind, werden nur wenige Ausnahmen zu machen seyn. Wenn die Ausfuhr der rohen Materialien erlaubt ist, weil die Landesfabriken noch nicht im Stande sind, sie sämmtlich zu verarbeiten; so ist es allerdings rathsam die auszuführenden Materialien mit etwas starken Zöllen zu belegen. Man wird dadurch nicht allein ihre allzuhäufige Ausfuhr verhintern und mithin deren wohlfeilen Preis im Lande befördern; sondern, wenn sie die Ausländer ungeachtet der erhöheten Zölle ausführen; so wird dadurch der Preis ihrer Waaren vertheuret, wir aber werden die unsrigen wohlfeiler geben und ihnen folglich den Debit abgewinnen können (25). Mit denjenigen Waaren, die zwar im Lande einige Zubereitung empfangen haben, die aber ausgeführet und von andern Nationen vollkommener

(25) Dieß wird jedoch nur alsdann erfolgen, wenn die ausländischen Manufacturen die Materialien nicht von einer andern Nation für den alten Preis erhalten können; denn sonst würden wir durch Erhöhung des Zolles unsern Landwirthen den Absatz vermindern, und das wichtigste Gewerb im Staate schwächen.

mener gemacht werden; hat es eine gleiche Bewandtniß. Eine andere Ausnahme von der vorhin aufgeführten Regel findet statt, wenn die Waaren aus unsern Manufacturen und Fabriken so wohlfeil sind, daß sie ungeachtet eines mässigen darauf gelegten Zolles in den vornehmsten Handelsplätzen dennoch wohlfeilern Preises zu stehen kommen, als die nämlichen Waaren andrer Völker; oder wenn die Fracht und andere Unkosten nach den vornehmsten Handelsplätzen aus unsern Landen viel geringer zu stehen kommen, als aus andern Staaten. Der Staat kann alsdenn die Einkünfte eines mässigen Zolles allerdings ziehen, weil der Hauptendzweck eines wohlfeilen Preises und folglich des Absatzes dabey nicht verlohren gehet. Allein ein Minister, welcher die Zölle einzurichten hat, muß darin vollkommen sicher und zuverlässig verfahren. Eine gute Handelscorrespondenz muß der Grund seiner Einrichtung seyn: er muß den Courrantenpreis in den vornehmsten Handelsplätzen wissen; er muß den Preis wissen, wofür andere Völker die nämlichen Waaren aus der ersten Hand verkaufen; und er muß den Betrag der Fracht und anderer Unkosten wissen, welche der Transport der nämlichen Waaren dieser Völker bis in die vornehmsten Handelsplätze kostet. Alsdenn wird er zuverlässig die Zölle der Landeswaaren einrichten können, ohne ihrem Debit Nachtheil zuzufügen. Man siehet leicht ein, daß so bald bey andern Völkern in demjenigen, worauf sich die Einrichtung unserer Zölle gründet, eine Veränderung vorgehet, auch die Zölle nach Maaßgebung dieser Veränderung anders eingerichtet werden müssen.

b) In Ansehung der durchgehenden Waaren, die stark mit Zöllen zu belegen sind.

Die Einrichtung der Zölle auf die durchgehenden Waaren kann gleichfalls zu dem ausländischen Debit unserer Landeswaaren gar viel beytragen. Diejenigen fremden durchgehenden Waaren, davon wir die nämlichen im Lande gewinnen, müssen mit sehr hohen Zöllen beleget werden. Die durchgehenden Waaren, die unsern Landeswaaren ähnlich sind, und mithin unsern Debit schwächen, müssen gleichfalls mit hohen, jedoch gegen die vorigen etwas gemässigtern Zöllen beschweret werden; und alle andere durchgehende Waaren sind zwar mässigen aber nicht allzugeringen Zöllen zu unterwerfen, in so ferne sich nämlich der Staat, durch dessen Gebiet die Waaren gehen, gegen fremde Nationen durch Tractate und andere Verbindlichkeiten zu einer gewissen Beschaffenheit der Zölle nicht anheischig gemacht hat. Vielleicht dürfte man wider diese vorgeschlagene Einrichtung der Zölle verschiedenes zu erinnern haben; und ich muß sie also mit Gründen unterstützen. Wenn ein Staat eine so glückliche Lage hat, daß andere Nationen mit den benöthigten fremden Waaren sich nicht anders versorgen können, als solche durch die, seinem Gebiete unterworfenen, Meerengen,

Flüsse

Flüsse und Landstrassen durchzuführen; so kann man ihm wohl nicht absprechen, daß er befugt ist, von dieser glücklichen Lage allen möglichen Vortheil zu ziehen. Wenn es wahr ist, daß die Völker über dasjenige, was sie besitzen und in ihrer Gewalt ist, ein Eigenthum haben, wie niemand läugnen kann; so kann man auch nicht bestreiten, daß sie ihr Eigenthum so hoch zu nutzen befugt sind, als sie immer können. Man kann demnach vielweniger von einem Volke verlangen, daß es mit seinem Schaden andern Völkern Gefälligkeiten erzeigen soll. Es gereichet aber allerdings zum Nachtheil eines Volkes, wenn man ihm den Debit seiner Landeswaaren schwächet, und doch die nämlichen oder die ähnlichen Waaren, die man von demselben kaufen könnte, durch sein Land führen will. Das benachbarte Volk, das also verfähret, giebt dadurch zu erkennen, daß es wenig Verracht und Gefälligkeit für uns hat. Wie kann es also von uns die Gefälligkeit erwarten, daß wir mit Ausserachtsetzung unseres eigenen Vortheils ihrer Nutzen oder ihren Eigensinn befördern sollen? Denn es geschiehet entweder aus Vortheil oder aus Eigensinn, daß sie unsere Landeswaaren nicht kaufen wollen. Daß wir andere Völker unsere Meere, Flüsse und Landstrassen gebrauchen lassen, ist unstreitig eine Gefälligkeit, nicht aber eine Schuldigkeit. Das Völkerrecht kann uns eine solche Durchfuhr

fuhr der Waaren nicht auferlegen, als in so ferne sie mit unserem Nutzen, nicht aber mit unserem Schaden verbunden ist. Ja es kann uns hierin überhaupt nichts vorschreiben, als in so fern wir Gegengefälligkeiten erwarten, oder Repressalien zu befürchten haben. Die Völker würden sonst kein freyes Eigenthum haben. Ein Volk, das mit fremden Völkern keinen Handel treiben kann, als sich der Durchfuhr durch unser Land zu gebrauchen, wird schon durch die natürliche Beschaffenheit seiner Lage angewiesen, daß es mit andern Völkern nicht unmittelbar handeln kann, sondern daß es durch unser Mittel und Hände mit ihnen Commercien treiben muß. Es sollte also alle seine fremde Waaren, die es durch unser Land führet, aus unsrer Hand nehmen. Will es uns diesen Vortheil nicht gönnen; so sind wir auch nicht schuldig, seinen Vortheil zu befördern, sondern wir sind befugt, seinen gesuchten Vortheil durch starke Zölle schwer zu machen. Jedermann hat ein Recht zuförderst seinen Vortheil zu suchen, in so fern er Niemand beleidiget und solches mit seinen Pflichten und eingegangenen Verbindlichkeiten bestehen kann. Alle Menschen verfahren auch nicht anders. Ein jeder siehet auf seinen Vortheil. Niemand kann ihm dieses übel nehmen. Diejenigen, die dieses nicht thun, sind uneigennützig und großmüthig. Allein die Uneigennützigkeit und Großmüthigkeit ist keine Eigenschaft

der

der Völker. Eine weise Regierung muß den Nutzen des Volkes vor Augen haben. Dieses erfordert der Endzweck der Republiken, welcher die höchstmöglichste gemeinschaftliche Glückseligkeit ist. Ein Staat kann niemals zu viel Glückseligkeit erlangen. Wenn man diese Sätze erwäget; so wird man die neuern Handelsstreitigkeiten zwischen Preussen und Sachsen beurtheilen können. Sachsen hat die Durchfuhr seiner Waaren durch die preussischen Lande nöthig. Preussen hat in Ansehung der Zölle freye Hände und gegen Sachsen keine Verbindlichkeiten. Sachsen suchet seinen Vortheil durch einen unmittelbaren Handel nach Hamburg, und weiter; und Preussen glaubet, daß es nicht schuldig sey den Vortheil von Sachsen mit Ausseracht setzung seines eigenen zu befördern. Sachsen verlanget von Preussen Gefälligkeiten und Preussen glaubet, daß Sachsen keine Gefälligkeiten gegen ihn bezeiget, sondern daß es vielmehr seiner Handlung durch den leipziger Stapel auf alle Art Nachtheil zuzufügen suchet. Hieraus kann man mit eiuem Blick übersehen, ob Preussen die Vorwürfe verdienet, die man demselben in den bey Gelegenheit des jetzigen Krieges herausgekommenen Schriften wegen dieser Handelsstreitigkeiten gemacht hat. Es ist vielleicht noch kein Volk in der Welt gewesen, das nicht den Handel seiner Nachbarn zu verringern und seinen eignen zu vergrössern gesucht hat, zumal, wenn die Nachbarn die Durchfuhr durch sein Land nöthig haben, um ihren Handel zu führen; und man erwartet allzuviel, wenn man ein anderes Betragen von den Völkern verlanget (26).

2) Durch auszusetzende Prämien auf die Ausfuhr der beträchtlichsten Landeswaaren.

Die gute Einrichtung der Zölle will nicht einmal zu Beförderung des ausländischen Debits allemal zureichen, sondern man muß noch mehr thun und auf die Ausfuhr solcher Waaren, die das Land häufig gewinnet und deren ausländischer Debit sehr wichtig werden kann, gewisse Prämien aussetzen. Diese Prämien sind sehr anreizend, wenn sie auch nur den 15ten oder 20sten Theil des Werthes der Waaren betragen; und man wird sich alsdenn alle ersinnliche Mühe geben, sie bey den Ausländern abzusetzen.

(26) Aber auch die Bestimmung des Zolles für die durchgehenden Waaren fodert Mässigung und Vorsicht. Die Durchfuhr verursacht unsern Einwohnern mancherley Verdienst, der, so wie der Zoll selbst, aufhört, wenn die Waaren wegen des unmässigen Zolles einen andern Weg nehmen. In Savoyen machten die grossen Transitogebühren, daß die Waaren den Weg über Mayland nahmen, daher man jene wieder verminderte. S. götting. gel. Anzeigen 1782 S. 218. Als die Holländer den Zoll für die Englischen Waaren, welche durch ihr Land nach Frankreich und Lotharingen gingen, unmässig steigerten, nahmen auch diese einen andern Weg, wobey die Holländer nicht wenig verlohren. Auch die vom Verf. genanten hohen Preussischen Zölle machen, daß jetzt die Kaufleute die Waaren von Hamburg nach Leipzig lieber ganz zu Lande, als auf der Elbe fortsenden.

setzen. Es ist rathsam, daß die Prämien nur in dem Falle gegeben werden, wenn der Preis der Waaren mässig ist und eine gewisse Summe nicht übersteiget. Dieses dienet den wohlfeilen Preis der Waaren zu erhalten, der zu dem ausländischen Debit so nützlich ist; wie es denn überhaupt keiner Prämien bedarf, wenn die Ausländer solche Waaren um einen höhern Preis kaufen. Der inländische Fabrikant oder Kaufmann findet alsdenn ohnedem genugsamen Vortheil dabey. Die Engländer haben dieses Mittel der auszusetzenden Prämien nunmehr seit vielen Jahren bey der Ausfuhr des Getreides angewendet; und die Sache hat den allerglücklichsten Erfolg gehabt. Man muß von diesem Zeitpuncte den überaus blühenden Zustand der englischen Landwirthschaft anrechnen. Da das Getreide wegen der Prämien auf die Ausfuhr allezeit überflüssige Käufer gefunden hat; so hat man alle Winkel von der Oberfläche urbar zu machen und auf die bestmöglichste Art zu nutzen gesuchet, um sich die beliebte Waare des Getreides in Menge zu verschaffen. Diese Ausfuhr hat nichts weniger als eine Theurung des Getreides verursachet, weil die Prämien nur statt gefunden haben, wenn der Werth des Getreides einen festgesetzten mässigen Preis nicht überstiegen hat, und weil der blühende Zustand der Landwirthschaft einen grossen Ueberfluß des Getreides veranlasset hat. Es ist wahr, es kann jährlich eine beträchtliche Summe auf dergleichen Prämien verwendet werden. England hat zuweilen anderthalb hundert tausend Pfund Sterling jährlich als Prämien für die Ausfuhr des Getreides ausgezahlet. Allein dieser Aufwand ist der allerfruchtbareste Saame, der nur jemals ausgestreuet werden kann. Wenn funfzehn- oder zwanzigmal so viel Geld jährlich in den Staat eingehet und mithin der Reichthum des Landes jährlich einen so wichtigen Zusatz erlanget; so ist das die allerreichlichste Erndte, die man von einem Aufwande hoffen kann. Die englischen Prämien auf die Ausfuhr des Getreides betragen ohngefähr den zehenten Theil von dem Preise desselben. Wenn also das Parlament anderthalb hundert tausend Pfund Sterling Prämien auszahlet; so wird das Land allemal um anderthalb Millionen reicher. Gewiß! ein gesegneter Aufwand (27).

3) Durch vortheilhafte Commercientractate mit auswärtigen Völkern.

Endlich tragen auch vortheilhafte Commercientractate mit auswärtigen Völkern zu dem ausländischen Absatz unserer Manufactur- und Fabrikenwaaren nicht wenig bey. Hierdurch muß unsern Landeswaaren der Eingang in andere Staaten verschaffet werden, indem man sich leidliche Zölle für unsere Waaren ausbedinget und der Erhöhung derselben oder

(27) Hieher gehört vorzüglich was man in dem schon oben angeführten Commentarius des Genovesi zu Cary's Bemerkungen über Großbritanniens Handel I S. 248 lieset.

oder dem gänzlichen Verbot unsrer Waaren vorzubeugen suchet. Die Schliessung solcher Commercientractate erfordert die gröste menschliche Klugheit, so wie das Aufnehmen der Handlung, und mithin die Wohlfarth der Staaten gröstentheils darauf ankommt. Man muß zuförderst das Interesse der Nation in Ansehung der Handlung vollkommen einsehen; insonderheit aber muß man wissen, mit welchen Völkern es uns am meisten vortheilhaft ist, Commercientractate zu schliessen. Mit denjenigen Nationen, die nur einen Passivhandel treiben, oder die am meisten von unsern Landeswaaren consumiren, oder die uns nöthige Materialien, desgleichen grossen Debit habende Waaren aus der ersten Hand liefern, sind die vortheilhaftesten Commercientractate zu Stande zu bringen. Die Hauptabsicht eines jeden Commercientractats muß seyn die Bilance in der Handlung mit dieser Nation zu gewinnen; und gleichwie dieses gleichfalls der Endzweck desjenigen Volkes ist, das mit uns schliesset, wenn es anders nicht einfältig ist; so kommt es darauf an, wer den andern überlisten kann. Die Commercientractate sind selten ein Werk der ordentlichen Gesandten, die gemeiniglich nur das Staatsinteresse ihrer Höfe verstehen. Es müssen besondere dieser Sachen kundige Gesandte dazu abgeschickt werden, welche nicht allein den ganzen Zusammenhang der Handlung ihres Landes, sondern auch die wahren oder eingebildeten Handlungsvortheile desjenigen Volkes, mit dem der Tractat zu schliessen ist, vollkommen einsehen. Je mächtiger ein Volk ist, je mehr Ansehn es unter andern Völkern hat, desto vortheilhaftere Commercientractate kann es erlangen. Die Macht und das Ansehen muß zu vortheilhaften Commercientractaten beförderlich seyn. Allein die Sache muß sich nicht umgekehrt verhalten. Wir müssen die Vortheile in den Commercien nicht aufopfern, um Bundesgenossen und ein vermeyntes zeitiges Ansehn zu erlangen, es sey denn, daß es die Rettung des Staats erfodert. Die französischen Schriftsteller selbst haben ihren Hof getadelt, daß man nachtheilige Commercientractate schliesset, um andre Nationen in seinem vermeynten Interesse zu erhalten; und vielleicht liesse sich diese Anmerkung von mehr Höfen machen.

Vier=

Vierter Abschnitt.

Von den Hindernissen bey Anlegung und Gründung der Manufacturen und Fabriken.

Wenn man neue Anstalten zu Stande bringen will; so werden sich allemal Hindernisse und Schwierigkeiten vorfinden, die sich unsern Absichten und Maaßregeln entgegen stellen. Dieses wird sich auch bey den Manufacturen und Fabriken ereignen: und es ist demnach nöthig, daß wir die Hindernisse erwägen müssen, die sich der Anlegung, der Gründung und dem guten Fortgange dieser Nahrungsgeschäfte entgegen zu stellen pflegen. Wenn man diese Hindernisse nicht einsehen und heben könnte; so würden öfters die besten Maaßregeln zu der Anlegung und Gründung der Manufacturen und Fabriken und die besten Beförderungsmittel die gehofte Wirkung nicht erreichen. Man kann aber diese Hindernisse in zwey Hauptclassen eintheilen, nämlich in die inländischen, die von innerlichen Landesbeschaffenheiten entstehen, und in die ausländischen, die von

Zwey Hauptclassen der Hindernisse, inländische und ausländische.

von fremden Nationen in Weg geleget werden. Beyde müssen wir näher betrachten.

Alle Fehler und Gebrechen der Regierung und in dem Zusammenhange des Staatskörpers sind so viel Hindernisse.

Alle Fehler und Gebrechen in der Regierung, Einrichtung und Beschaffenheit des Landes sind so viel Hindernisse bey Einführung und Gründung der Manufacturen und Fabriken. Da alle Theile des Staatskörpers in dem allergenauesten Zusammenhange und Verhältnisse mit einander stehen müssen, eben weil sie Theile von einem und eben demselben Körper sind; so sind alle Mängel in diesem Zusammenhange und alle Widersprüche in dieser Uebereinstimmung so viel Hindernisse, wenn man Verbesserungen in diesem oder jenem Theile des Staatskörpers vornehmen will. Eben deshalb haben wir den so nöthigen Zusammenhang der Manufacturen und Fabriken mit allen übrigen Einrichtungen und Beschaffenheiten des Staats in dem zweyten Abschnitte vorausgesetzt; und gleich wie dieser gute Zusammenhang so viel Beförderungsmittel der Manufacturen und Fabriken an die Hand giebt, als Uebereinstimmungen vorhanden sind; so zeigen sich hingegen so viel Hindernisse, als Fehler und Mängel in dieser Uebereinstimmung gefunden werden. Ein weiser Regent oder Minister, der an der Gründung der Manufacturen und Fabriken, so wie an der Vollkommenheit des ganzen Staatskörpers arbeiten will, muß demnach denselben beständig in seinem Zusammenmenhange und in dem Verhältniß aller Theile gegen einander betrachten. Dieses kann auf keine bessere Art geschehen, als wenn er das Wesen und den Endzweck der Republiken, so wie ich in meiner Staatswirthschaft einiges Vorbild davon gegeben zu haben glaube, beständig zum Grunde legt, und auf die wirklichen Beschaffenheiten seines Staats dabey zurücksiehet. Es kann alsdenn gar nicht fehlen, daß ihm nicht die wichtigsten Fehler und Gebrechen in die Augen leuchten sollten.

Grosse Schwierigkeit dergleichen Gebrechen zu verbessern.

Ich gestehe gern, daß es die allerschwereste Unternehmung ist, dergleichen Fehler und Gebrechen in der Regierung und dem Zusammenhange des Staatskörpers abzuändern. Es giebt allemal eine Menge grosse und kleine Bediente und andere Einwohner des Staats, die an der Fortdauer solcher Gebrechen ihren offenbaren oder geheimen Vortheil finden, und die daher niemals unterlassen, die vorhabenden Verbesserungen verhaßt zu machen und dagegen tausenderley Schwierigkeiten zu erregen. Je weniger sie die wahre Ursache, nämlich den Verlust ihres Vortheils zu erkennen geben, desto ernstlicher arbeiten sie durch andere Vorstellungen dagegen und lassen tausend geheime Minen springen, um die Sache zu verhindern. Ob es zwar ohnedem nicht rathsam und thunlich ist, alle Gebrechen des Staats auf einmal zu verbessern; weil eine jede Verbesserung gründ-

gründlich und mit Vorsicht geschehen muß und mithin Arbeit und Zeit erfordert; so trägt doch auch die Vorsicht, mit einigen Gebrechen den Anfang zu machen, zu Minderung der Schwierigkeiten nicht viel bey. Alle diejenigen, die von solchen fehlerhaften Beschaffenheiten des Staats Vortheil ziehen, ob sie gleich von der vorhabenden Verbesserung noch nicht getroffen werden, werden dennoch dadurch aufmerksam gemacht; und gleichwie sie klüglich voraussehen, daß die Reihe der Verbesserung auch an sie kommen werde; so machen sie alle unter der Hand gemeinschaftliche Sache wider die vorhabende Verbesserung. Es ist also niemals einem Minister zu rathen, seinen Endzweck auf dergleichen Verbesserungen zu richten. Wenn er auch noch so viel Ansehen und Gunst bey seinem Monarchen hat; so wird er gewiß unter der Grösse der sich wider ihn entspinnenden Cabale erliegen müssen. Ehe ich dieses einsehen lernte; so habe ich mich oftmals gewundert, warum Minister, deren vortrefliche Grundsätze und grosse Einsicht mir bekannt waren, nicht die Hand anlegten gar sichtbare Gebrechen in der Einrichtung des Staats zu verbessern. Allein nunmehr verdenke ich es einem grossen Staatsbedienten keinesweges, wenn er diese allerzärtlichste Saite, nämlich die Verbesserung der Staatsgebrechen gar nicht berühret. Vielleicht wird man fragen, was denn also bey dieser Sache zu thun ist. Ich kann

hier=

hierauf nichts antworten, als daß redliche und es mit ihrem Vaterlande rechtschaffen wohlmeynende Bediente und Unterthanen die verderbte menschliche Natur zu beseufzen haben, und daß sie es der Vorsehung überlassen müssen, ob sie ihnen dereinst einen Regenten geben wird, der genugsame Einsicht hat und der selbst regieret; denn von einem solchen Regenten allein kann man dergleichen Verbesserungen erwarten. Unter einem Regenten, der selbst regieret, verstehe ich nicht einen Prinzen, der sich wirklich um die Regierung bekümmert und der sich alles selbst vortragen läßt, und der folglich gegen viele andere noch gut und weise genennet zu werden verdienet, sondern ich meyne einen Regenten, der mit seinem eignen Verstande und Einsicht alles übersiehet und beurtheilet, ohne, daß er sich auf den ihm geschehenden Vortrag verläßt; und dennoch muß auch ein solcher Monarch eine überaus grosse Standhaftigkeit und eine Grösse des Geistes besitzen, die alles übertrift. Er muß durch tausend Schwierigkeiten, die man ihm selbst zu erregen nicht unterlassen wird und durch den dicksten Nebel aller falschen Vorstellungen, die man ihm machen wird, hindurch zu dringen wissen. Solche Eigenschaften hatte der König von Preussen Friedrich Wilhelm; und er wird daher in allen folgenden Zeiten als ein sehr grosser Geist betrachtet werden. Die preussischen Staaten haben ihm den Grund ihrer vortreflichen in-

innerlichen Einrichtung zu danken, vermöge welcher Preussen allemal unüberwindlich bleiben wird, wenn sich auch noch so viel Feinde wider ihn vereinigen. Eine ganz vollkommene Regierungsverfassung ist allemal unüberwindlich; und je weniger Fehler eine Regierungseinrichtung hat, desto stärker wird sie seyn; dahingegen die größten Reiche desto schwächer sind, je mehr Gebrechen bey ihnen vorwalten. Vielleicht verfliessen viele Jahrhunderte ehe ein Land einen Regenten bekommt, der zu solchen Verbesserungen geschickt ist. Allein eben dieses ist es, was von der göttlichen Vorsehung abhängt, welche die Stärke und Schwäche der Reiche nach ihren unerforschlichen Absichten bestimmet und welche mithin den Verbesserer nicht eher auftreten läßt, bis es Zeit ist. Ich kenne Staaten, die noch einmal so stark und mächtig seyn könnten, ohne den Unterthanen einen Heller Abgaben mehr aufzulegen, wenn sie nur ihre gröbsten Gebrechen verbessern wollten. Allein es ist noch nicht der geringste Anschein und Hofnung hierzu vorhanden (28).

Wir

(28) Freylich sind Regenten von diesen Eigenschaften unschätzbare Geschenke der Vorsehung; aber gewiß könten sie öfterer durch eine zweckmässige Erziehung erhalten werden. Daß einige Regenten, ohne solche genossen zu haben, sich völlig selbst gebildet haben, rechtfertigt die jetzige Erziehung eben so wenig, als die Autodidacti die Entbehrlichkeit eines gründlichen Unterrichts beweisen. Da unsere Regenten nicht mehr gewählt, sondern gebohren werden,

Wir wollen uns nun zu andern Hindernissen wenden, die eher zu heben sind, als die Gebrechen in der Einrichtung der Regierung. Eines der größten Hindernisse bey Einführung und Gründung der Manufacturen und Fabriken ist ohne Zweifel der Mangel des Genie bey den Einwohnern des Landes. Man findet öfters, daß die Einwohner eines Landes weder Genie, noch Trieb und Lust zu diesen neuen Nahrungsgeschäften haben. Sie verstehen nichts, und wollen nichts lernen, als was ihre seligen Väter getrieben haben, nämlich die gemeinsten Handwerke und Ackerbau und Viehzucht, mit welchen es doch öfters schlecht genug und so gar lächerlich aussiehet, wenn Leute zu ihnen kommen, die eine bessere Landwirthschaft verstehen. Alle neue Nahrungsgeschäfte sind ihnen so gar verhaßt, indem sie meynen, wenn sie gut und nützlich wären; so würden sie ihre lieben Voreltern wohl getrieben haben. Das ist nun in der That eine Beschaffenheit, die dem guten Fortgange der Manufacturen und Fabriken gar nicht vortheilhaft ist. Die dauerhafte

Der Mangel des Genie der Einwohner ist eine grosse Hinderniß bey Gründung der Manufacturen.

den, so solte das Volk darauf dringen, daß jeder Prinz von Jugend auf gründlich in demjenigen unterrichtet würde, was er als Regent wissen muß. Denn solche Kentnissen werden nicht mit der Thronfolge angebohren, oder sind nicht erblich. Mit Recht fodert man von jedem Bedienten des Staats, daß er sich zu seinem Dienste vorbereitet habe, und bey dem öbersten Bedienten solte dieß überflüssig seyn!

hafte Gründung dieser Nahrungsgeschäfte kommt darauf an, daß sie im Lande vervielfältiget und nicht allein von den in das Land gezogenen Fremden, sondern auch von den Eingebohrnen selbst getrieben werden. Unterdessen ist doch diese Beschaffenheit nicht ohne Hülfsmittel. Wir haben schon in dem vorhergehenden Abschnitte gezeiget, daß der Regent aus seinen Unterthanen machen kann, was er will, wenn er nur die rechten Maaßregeln ergreift. Um die Unterthanen zu einer gewissen Lebens- oder Nahrungsart aufzumuntern, kommt fast alles darauf an, daß der Regent seine Achtung für diese Lebensart durch deutliche und in die Augen fallende Merkmale zu erkennen giebt; und um den Erfindungsgeist der Unterthanen in diesen oder jenen Dingen rege zu machen, ist nichts weiter nöthig, als daß der Regent den neuen Erfindungen dieser Art Ehre und Belohnungen angedeihen läßt. Die Ehrbegierde ist vermögend die Unterthanen zu allen fähig zu machen. Wenn die Unterthanen zugleich sehen, daß man bey solchen neuen Nahrungsgeschäften Vermögen erwerben kann, so wird ihr Genie und Trieb dazu desto mehr erreget werden. Je mehr Beyspiele sich daher gleich Anfangs finden, daß man bey den Manufacturen und Fabriken Vermögen erworben habe, desto mehr Anreizung wird man geben, sich auf diese Nahrungsarten zu befleissigen. Deshalben ist es gut, wie wir schon oben erinnert haben,

viele

viele einzelne Manufacturiers zu unterstützen und ihren Ruin auf alle Art zu verhüten. So sehr auch die zu Grunde gehenden Manufacturiers durch ihre üble Haushaltung und Nachlässigkeit an ihrem Untergange schuld gewesen sind; so müssen doch die neuen Nahrungsgeschäfte in den Augen der meisten Menschen zugleich mit Ursache seyn und man hat demnach so viel abschreckende Beyspiele. Man muß jedoch gestehen, daß bey den alten Einwohnern in Bildung des Genies wenig zu thun ist. Die Vorurtheile, die mit uns alt und grau geworden sind, werden schwerlich abgelegt, so wie eine einmal ergriffene Nahrungsart selten verändert wird. Das Hauptwerk kommt demnach auf die Anführung der Jugend an. Man bemerket, daß in solchen Landen, wo sich ein besonderes Genie zu Commercien und Manufacturen zeiget, die Kinder schon in ihren frühesten Jahren zur Arbeit und Fleiß angehalten werden. In Holland und England siehet man schon Kinder von 4 bis 6 Jahren allerley ihrem Alter gemässe Arbeit verrichten. In andern Staaten, wo das Genie zu nützlichen Nahrungsgeschäften fehlet, siehet man sie unter Spielen und Müssiggang aufwachsen. Vielleicht würde es die Pflicht der Lehrer in Kirchen und Schulen seyn, sowohl Eltern als Kindern hierin fleissige Lehren und Ermahnungen zu geben, und insonderheit den Kindern den Grundsatz einzuschärfen, daß sie allein durch Fleiß und Ap-

 plica-

plication ihr künftiges Glück in dem bürgerlichen Leben erwarten können. Die Pflichten des bürgerlichen Lebens sollten ein so eifriger Gegenstand des Unterrichts der Kinder, als die Pflichten der Religion seyn. Wir wollen Christen erziehen, allein wir sollen auch zugleich gute und nützliche Mitglieder des gemeinen Wesens bilden. Vielleicht wird es der Staat kaum wagen, den Geistlichen und Schullehrern wegen dieser Art des Unterrichtes Vorschriften zu geben. Unterdessen kann doch die Regierung nichts abhalten in allen Waisenhäusern eine solche Art der Erziehung einzuführen und alle darin befindliche Kinder nicht allein arbeiten, sondern auch ihren Geist dergestalt bilden zu lassen, daß er mit Genie und Trieb zum Fleiß und nützlichen Nahrungsgeschäften erfüllet wird. Was die Waisenhäuser den Kindern von den frühesten Jahren an einprägen könnten, das könnten wohl eingerichtete mechanische Realschulen bey etwas mehr erwachsenen Kindern gleichfalls ausrichten; und so würde das Genie eines Volkes zu Manufacturen und Fabriken gar bald gebildet werden (29).

Nächst

(29) Hier verdienen folgende Schriften vorzüglich empfohlen zu werden: (H. Prof. Sextroh) Ueber die Bildung der Jugend zur Indüstrie. Götting. 1785 8. Göttingisches Magazin für Indüstrie und Armenpflege. Erstes Heft 1788, (von H. Past. Wagemann). S. Physikal. ökonom. Bibliothek XIV S. 280.

Die Liebe zu dem Ausländischen, eine andere Hinderniß für die Landesmanufacturen.

Nächst dem Mangel des Genie des Volkes ist auch die Liebe zu den ausländischen Waaren eine grosse Hinderniß für das Aufkommen der Landesmanufacturen. Diese Liebe des Ausländischen ist fast ein allgemeiner Fehler aller Völker. Man darf nicht glauben, daß diese Neigung nur allein bey uns teutschen und andern nördlichen Nationen statt findet, weil die Manufacturen daselbst noch keine grosse Vollkommenaeit erlanget haben. Die Franzosen und Engländer, die es in der Vollkommenheit der Manufacturen unstreitig viel weiter gebracht haben, werden von dieser Liebe des Ausländischen eben so stark hingerissen. Ihre eigenen Schriftsteller machen ihnen darüber die bittersten Vorwürfe. Diese wunderliche Neigung ist um so mehr für eine Hinderniß in dem guten Fortgange der Manufacturen zu achten, wenn man den inländischen Debit nicht auf strenges Verbot und Aufsicht gegen die Einfuhr der ausländischen Waaren, sondern auf die gleiche Güte und Preis der inländischen Waaren gründen will, wie ich angerathen habe. Unterdessen muß man nicht glauben, daß diese schädliche Neigung des Volkes ohne Heilungsmittel ist. Eines der vornehmsten Hülfsmittel ist ohne Zweifel, daß sich der Hof selbst zuförderst von dieser Krankheit heilet. Ich müste mich sehr irren, wenn nicht der Hof selbst allemal das Volk mit dieser Neigung anstecket. Der Hof ist das Beyspiel, wornach sich die Hauptstadt und weiter das ganze Land bildet. Dieses ist sowohl bey Tugenden und Lastern, als insonderheit bey der Ueppigkeit und den Moden eine ganz unläugbare Wahrheit. Das Beyspiel des Regenten macht in allen Dingen einen ganz ungemeinen Eindruck zur Nachahmung. Der Ehrgeitz der vermögenden Einwohner gehet allemal hauptsächlich dahin, es den Hofleuten gleich zu thun; so wie sich die Hofleute nach dem Muster des Regenten und seiner Familie bilden. Wenn nun der Hof selbst nichts als ausländische Waaren verbrauchet, eine Sache, die öfters so weit gehet, daß Paruquen, Schuhe und alle Kleinigkeiten von Paris verschrieben werden müssen: so ist es kein Wunder, daß die Liebe des Ausländischen das ganze Volk erfüllet. Dahingegen, wenn der Hof nichts als Landeswaaren verbrauchet; so wird diese Liebe zu ausländischen Waaren gar bald vermindert werden. Wenn nun vollends der Monarch über den Gebrauch der ausländischen Waaren öffentlich sein Mißfallen bezeiget; so wird sich diese Neigung bald ganz und gar verliehren. Ein zu rechter Zeit gesprochenes Wort hat hier eine ungemeine Wirkung. Als ein gewisser grosser Monarch eine neu angelegte Seidenmanufactur mit seiner ganzen Familie und Hofstaat in Augenschein nahm: so sagte er in Gegenwart vieler Damen: Nun, daß ist gewiß ein vortreflicher Anfang. Alles wird nunmehr darauf ankommen, daß sich einige Damen den

Kopf zu recht rücken und daß sie nicht glauben, eine Blume sey besser, weil sie in andern Ländern gewirket ist. Diese Rede schlug die Liebe zu dem Ausländischen bey den meisten Damen gar sehr darnieder (30).

Der hohe Preis aller Dinge hindert gleichfalls das Aufkommen der Manufacturen.

Ich habe schon öfters erinnert, daß der hohe Preis der Lebensmittel dem guten Fortgange der Manufacturen und Fabriken sehr nachtheilig ist. Eben dieses muß man von dem hohen Preise aller andern nöthigen Dinge behaupten. Wenn der Manufacturier und Fabrikant alle Handwerksleute und Arbeiter, die er nöthig hat, sehr theuer bezahlen muß; so muß er nothwendig seine Waaren gleichfalls theuer geben, wenn er bestehen will. Diese Theurung aller Dinge ist öfters dem Aufkommen der Manufacturen am meisten hinderlich. Es fragt sich, woher dieselbe entstehet. Gemeiniglich glaubt man, daß ein Land, wo alle Dinge theuer sind, sehr viel

(30) Gleichwohl hat die Liebe zu dem Ausländischen auch etwas gutes. Sie ist eine Mitursache der Handlung, und auch unsere Waaren werden durch sie gesucht. Zudem liefert sie uns Muster zur Nachahmung, und bereichert dadurch oft den Staat mit ganz neuen Gewerben. Der Liebe zu ausländischen Waaren verdanken wir die Baumwollen- und Seidenmanufacturen, die Porzellanhütten, den Tobaksbau und viele andere Gewerbe. Aber damit will ich nicht die Thorheit rechtfertigen, welche monatlich eine poupée de la rue Saint-Honoré kommen läßt, um sich ganz nach Pariser Weise und mit Pariser Waaren zu kleiden.

viel Geld habe. Allein diese Ursache will sich in vielen Staaten nicht durch die Erfahrung bestätigen. Man wird öfters in solchen Staaten, wo alles theuer ist, durch unläugbare Gründe und Erfahrungen überzeuget, daß dem ungeachtet wenig Geld im Lande ist. Es ist wahr, man kann ganz sicher schliessen, wo viel Geld im Lande ist, da wird alles theuer seyn. Allein man würde sich sehr irren, wenn man diesen Schluß umkehren und behaupten wollte: wo alles theuer ist, da muß sehr viel Geld im Lande seyn. Die Theurung hat noch mehr Ursachen, als den Ueberfluß des Geldes. Sie kömmt hauptsächlich auf den Ueberfluß oder Mangel der Waaren im Lande an. Diese Wahrheit ist noch wenig oder gar nicht ausführlich gezeiget worden. Wenn ein Land einen grossen Ueberfluß von einer gewissen Art Waaren hat; so werden diese Waaren allemal sehr wohlfeil seyn, ungeachtet dieses Land einen grossen Reichthum besitzet. Diese Wahrheit bestätiget sich allenthalben. Das reiche England hat einen sehr wohlfeilen Geereidepreis. Die Lehre von dem Preis der Dinge ist durch den Begriff der französischen und englischen Schriftsteller, daß sie das Geld lediglich als vorstellende Zeichen der Waaren ansehen, sehr irrig gemacht worden. Es ist wahr, man kann den Begriff von den vorstellenden Zeichen bey dem Gelde gebrauchen, aber nur Gleichniß- und Erläuterungsweise. So bald man einen Grundsatz daraus macht

und

und die ganze Lehre vom Gelde darauf bauet; so wird man in vielerley Irrthümer gerathen. Wenn nun also die Theurung der Waaren hauptsächlich auf ihren Mangel im Lande ankommt; so siehet man leicht, daß die Theurung derselben statt finden kann, wenn auch nur wenig Geld im Lande ist. Wenn die Einwohner eines Landes, aus Faulheit und Ungeschicklichkeit nur wenig Güter und Waaren gewinnen oder verfertigen; so müssen sie nothwendig theuer seyn. Insonderheit habe ich bemerket, daß es in solchen Staaten, ungeachtet des wenigen darin befindlichen Geldes, dennoch sehr theuer ist, wo die Bürger und Einwohner wenig Fleiß bezeigen und dennoch herrlich und wohl leben wollen. Wenn der Handwerksmann wenig Lust zu arbeiten hat und doch alle Tage gut Essen, Wein und Caffee haben, auch sich prächtig in Kleidern zeigen will, so muß er nothwendig die wenige Arbeit, die er verfertiget, in sehr hohen Preis setzen; und gleichwie ein Handwerksmann vermöge der eingerissenen Ueppigkeit es dem andern bald nachzuthun pfleget; so entstehet gar bald eine allgemeine Theurung der nöthigsten Arbeiten, so daß nichts wohlfeil bleibt, als das Getreide in fruchtbaren Jahren. Dieses ist das Bild von den meisten Staaten in Teutschland, wenn man einige evangelische Staaten, die sich auf Commercien und Manufacturen appliciren, ausnimmt: ja es ist das Bild fast von allen andern Staaten, wo keine Commercien und Manufacturen blühen und eine schlechte Polizey ist. Allein es ist ein sehr betrübter Zustand, der dem Wachsthum der Manufacturen fast alle Hofnung abspricht. So glücklich der Zustand eines Landes ist, worin eine Ueppigkeit herrschet, die mit Landeswaaren getrieben wird und die eine Frucht des Fleisses seiner Einwohner ist; so elend ist die Beschaffenheit eines Landes, das Ueppigkeit mit fremden Waaren und in Verbindung mit der Faulheit treibet. Der gänzliche Verfall des Nahrungsstandes und das volle Verderben des Staats kann nicht lange ausbleiben. Gleichwie ein solcher Zustand eine Folge einer über die maassen schlechten Polizey ist; so kann er auch durch nichts als die vollkommenste Polizey wieder geheilet werden. Man muß zuförderst diejenigen Handwerker, welche den Verkauf der Lebensmittel in Händen haben, in den allergenauesten Schranken halten, daß sie in den möglichst wohlfeilesten Preis gesetzet werden. Dieses geschiehet durch genaue auf die richtigsten Proben gegründete Taxen und durch eine strenge Befolgung derselben. Alle Schwierigkeiten und scheinbare Unmöglichkeiten, die von diesen Handwerkern gemacht werden, sind gar leicht zu überwinden, wenn man den ernstlichen Willen hat. Als man vor ohngefähr acht Jahren beschlossen hatte, den Preis des Rindfleisches in Wien nicht über fünf und einen halben Kreuzer steigen zu lassen; so wurden endlich alle fälschlich

vor-

vorgebildete Unmöglichkeiten der Fleischhaner dadurch vernichtet, daß man eine Lieferung der Ochsen aus Pohlen veranstaltete, welche die Fleischhauer für einen solchen Preis kaufen mußten, daß der Preis des Rindfleisches für fünf und einen halben Kreuzer nach den gemachten Proben dabey statt finden konnte. So viel ungleiche Urtheile damals über diese Anordnung ergiengen, insonderheit weil dadurch der Absatz der ungarischen Ochsen Schaden litte: so habe ich doch diese Verfügung allemal für sehr weislich gehalten. Der dabey gehabte Endzweck, der niemals auf einen beständigen Einkauf der Ochsen aus Pohlen gieng, sondern nur um der Fleischhauer vorgestellte Unmöglichkeiten zu überwinden, wurde vollkommen erreichet. Als die Fleischhauer sahen, daß alle ihre Schwierigkeiten vergeblich waren; so bequemten sie sich das Rindfleisch für den gesetzten Preis zu verkaufen und den Einkauf der Ochsen selbst zu besorgen. Auf diese Art wird ein vernünftiges Polizeydirectorium allemal Mittel finden, den hohen Preis der Lebensmittel zu verhindern, wenn nur anders die Polizeyaufseher, wie es öfters geschiehet, mehr den Nutzen und die Wohlfarth des Staats, als ihr eigenes Interesse und die geheimen Geschenke lieben. Sind nun solchergestalt die Handwerker, die mit den Lebensmitteln zu thun haben, in Ordnung gebracht, so kann man mit den übrigen, denen nunmehr die Berufung auf die theuren Lebensmittel benommen ist, gar leicht zu Stande kommen. Das beste Mittel ist, daß man alle diejenigen Handwerker, die ihre Waaren zu theuer geben, durch Berufung der Ausländer und durch ein freyes Meisterrecht auf alle Art vervielfältiget; und wenn auch dieses den Preis ihrer Arbeit nicht vermindert; so ist kein anderer Rath, als daß ihnen die Polizey Taxen setzet, die sich auf den Preis ihrer Materialien und auf genaue und richtige Proben ihrer Arbeit gründen. Man macht zwar gemeiniglich den Einwurf, daß sie alsdenn ihre Arbeit desto schlechter machen werden. Allein auch diesem ist durch wohl eingerichtete Reglements von der Güte und Tüchtigkeit der Waaren und Arbeit leicht vorzubeugen.

Der Mangel einer genugsamen Summe des circulirenden Geldes ist eine grosse Hinderniß. Verschiedene Mittel dawider:

Gleichwie eine lebhafte Circulation des Geldes die Seele des gesamten Nahrungsstandes ist; so hat man sich schwerlich einen blühenden Zustand der Manufacturen und Fabriken zu versprechen, wenn es dem Lande an einer genugsamen Menge Geldes in der Circulation ermangelt. Diese Hinderniß ist eine der wichtigsten, und sie ereignet sich nicht selten, ohne daß man sie allemal erkennet. Jedermann ist darin einig, daß diese Hinderniß, die nicht allein dem Aufnehmen der Manufacturen, sondern auch des gesamten Nahrungsstandes höchst schädlich ist, gehoben werden muß. Allein in dem Hülfsmittel diese Hinderniß zu heben, trift man eine grosse Verschieschiedenheit der Meynungen an, die wir also insbesondere betrachten müssen.

Einige stehen in den Gedanken, daß diese Hinderniß am besten durch ein Anlehn aus fremden Staaten gehoben werden könne, und daß diese fremde im Lande zur Circulation gebrachte Summe Geldes eben die Dienste leiste, als wenn sie dem Lande eigenthümlich zugehörte. Allein diese Leute bedenken nicht, daß die jährlichen Interessen das ohnedem schwache Capital des Landes immer mehr vermindern, und daß dennoch die aufgeborgte Summe wieder erstattet werden muß, wodurch hernach die Circulation des Geldes desto mehr gehemmet und der Verfall des Nahrungsstandes desto grösser wird. Unterdessen muß ich gestehen, daß dieses Mittel nicht ganz und gar zu verwerfen ist. Es muß aber das allerletzte seyn, das man ergreifet, nämlich, wenn alle andere nicht thunlich sind (31). Zugleich aber muß man die allersichersten Maaßregeln ergreifen, daß ehe die Zeit der Wiederbezahlung erscheinet, die so viel möglich auf entfernte Zeiten und zu verschiedenen Terminen zu bestimmen ist, vermöge der Commercien und Manufacturen die Handlungsbilanz gewonnen und neues Geld in den Staat eingegangen ist. 1) Ob durch Anlehn aus fremden Staaten.

Wenn

(31) So hat Schweden, als es seine Bankzettel in bares Geld oder in Münze verwandeln wollte, dazu ein Capital von Ausländern geliehen.

2) Ob durch das Verbot der Ausfuhr des Geldes.

Wenn sich der Mangel einer genugsamen Summe Geldes in der Circulation äussert; so ist es ein gar gewöhnliches Mittel die Ausfuhr des Geldes zu verbiethen; und es werden gar wenig Staaten seyn, wo man ehedem dieses Mittel nicht gebraucht hat, oder wo es nicht noch gegenwärtig statt findet. Allein ich muß frey bekennen, daß dieses Mittel ganz und gar nichts taugt; und eben, weil es so sehr gewöhnlich in der Welt ist; so muß ich mich etwas dabey aufhalten, um dieses unnütze und eitle Mittel einmal aufhörend zu machen. Ich nenne es mit Recht ein eitles Mittel. Man muß es so gar ein unmögliches nennen. Bey der Ausfuhr des Geldes kommt alles auf die Beschaffenheit der Commercien des Landes an. Hat ein Land die Handlungsbilanz mit allen andern commercirenden Nationen gewonnen, das ist, wenn es mehr Landeswaaren ausführet, als es fremde Waaren bey sich einführet; *so müssen ihm andre Nationen den Ueberschuß mit baarem Gelde vergüten. Hat aber ein Volk die* Handlungsbilanz nicht gewonnen, führet es mehr fremde Waaren bey sich ein, als es Landesproducte ausführet; so muß es jährlich eine Summe Geldes zu Erfüllung der Handlungsbilanz an andre Nationen nachschiessen. In dem ersten Fall ist das Verbot der Ausfuhr des Geldes unnöthig, in dem andern Fall aber ist es moralischer und so gar wirklicher Weise unmöglich. Haben die Commercien des

Lan-

Landes eine solche Beschaffenheit, daß die Kaufleute an andre Nationen jährlich eine Summe Geldes heraus bezahlen müssen und die Regierung läßt dennoch das Verbot der Ausfuhr des Geldes ergehen; so gebietet sie eine gänzlich unmögliche Sache. Sie gebietet entweder, daß die inländischen Kaufleute ihre Schulden nicht bezahlen sollen, oder daß die ausländischen Kaufleute den ihrigen Credit geben sollen. Das erste ist moralisch unmöglich, weil es der Gerechtigkeit zuwider ist; denn wenn die ausländischen Kaufleute klagten und man wollte die Gerechtigkeit nicht ausser Augen setzen; so würde man den inländischen Kaufleuten die Bezahlung auflegen und mithin einen dem vorigen ganz widersprechenden Befehl ertheilen müssen. Das andere ist wirklich unmöglich, weil es ausser den Gränzen der Macht der Regierung ist, den Ausländern anzubefehlen, daß sie den inländischen Kaufleuten Credit geben sollen. *Wollte man sagen, daß die inländischen Kaufleute die Ausländer mit Papieren, oder mit Landes*waaren, bezahlen sollten; so würde eine gleiche Unmöglichkeit vorhanden seyn. Die Papiere an Actien, Bancozetteln, Wechseln und dergleichen sind entweder ausländische oder inländische. Die ausländischen sind in den Händen einer Nation, welche die Handlungsbilanz zu bezahlen hat, nicht zu vermuthen. Sie gehen allemal als baar Geld nach ihrem jedesmaligen Cours in die Hände andrer Nationen;

und

und wenn auch etliche wenige solcher Papiere im Lande vorhanden seyn sollten; so bedarf es deshalb keines Befehles. Man wird sie allemal zuerst ausser Landes schicken, ehe man daran denket baar Geld ausser Landes zu senden. Man darf nur den Lauf der Commercien wissen, um hieran nicht zu zweifeln. Mit der Bezahlung durch inländische Papiere aber hat es die vorige Beschaffenheit, daß nämlich die Regierung den Ausländern den Credit dieser Papiere unmöglich anbefehlen kann. Hier kommt es auf den Credit und den Cours an, den diese Papiere an und für sich selbst bey den Ausländern haben. Dieser Credit muß durch ganz andere Maaßregeln befördert werden, als durch den Befehl kein Geld auszuführen, sondern mit Papieren zu bezahlen. Dieser Befehl hat vielmehr eine ganz entgegen gesetzte Wirkung und vermindert den Credit, den diese Papiere vorher gehabt haben. Ich habe mir hierin den Beyfall eines jeden vernünftigen Kaufmannes zu versprechen; und die Erfahrung hat dieses genugsam bestätiget. So lange der Actienhandel in Frankreich auf der thörichten Begierde der Menschen nach diesen Papieren, oder auf der von selbst entstandenen Einbildung ihres Werthes beruhete; so hatten diese Papiere auch auswärts ihren guten Credit. So bald aber der Herzog Regent durch Edicte anbefahl, daß alle Bezahlungen nicht mit Gelde, sondern mit diesen Papieren ge-

schehen

schehen sollten; so gieng ihr Credit bey den Ausländern gänzlich verlohren. Der Credit ist eine Sache, die ausser den Gränzen der Macht aller Monarchen ist. Was die Bezahlung mit den Landeswaaren anbetrift; so ist es zwar wahr, daß ein Regent anbefehlen kann, daß seine Kaufleute auf keine andere Art mit den Ausländern handeln sollen, als die Landeswaaren gegen die benöthigten ausländischen umzusetzen. Ja er kann den Handel mit Gelde ganz und gar aufheben und den Tausch dafür einführen, ob gleich eine solche Verfügung den Commercien des Landes zu schlechtem Vortheile gereichen würde. Allein alle solche Verordnungen können sich nur auf die künftigen Fälle, nicht aber auf den vorhin geschlossenen Handel mit den auswärtigen erstrecken. Es beruhet auf der Willkühr des Ausländers, ob er auf diese Bedingung gegen Landeswaaren umzusetzen, mit uns handeln will; und da diese Bedingung bey dem bereits geschlossenen Handel nicht vorausgesetzet worden ist; so ist es moralischer Weise unmöglich, das ist, es ist der Gerechtigkeit nicht gemäß, den Ausländer zu nöthigen, sich mit Landeswaaren bezahlen zu lassen. Ueberdieß ist ein solches Gesetz den Landescommercien selbst nachtheilig. Wir wollen den Fall setzen, daß wirklich Landeswaaren vorhanden sind, um die Ausländer damit zu bezahlen; so wird dieser Befehl nichts anders wirken, als daß wir die Landeswaaren um einen geringern

Preis losschlagen müssen. Denn da wir dem Ausländer, der auf Geld gehandelt hat, die Landeswaaren wider seinen Willen nicht aufdringen können; so wird er sie nicht anders, als unter ihrem laufenden Preise annehmen: und eben der Befehl wird ein Bewegungsgrund mehr seyn, seinen Vortheil desto grösser zu machen. Sind aber wirklich keine Landeswaaren vorhanden, die uns aus Mangel des ausländischen Debits über dem Halse bleiben; und man kann allemal hundert gegen eines verwetten, daß sie nicht vorhanden sind; denn eine Nation bezahlet selten oder niemals die Handlungsbilanz aus Mangel des ausländischen Debits, sondern aus Mangel genugsamer Landesproducte; so ist ein solcher Befehl ohnedem eitel und unmöglich. Ueberhaupt wird mir ein jeder vernünftiger Kaufmann Recht geben müssen, daß das Verbot der Ausfuhr des Geldes für eine Nation, welche die Handlungsbilanz an andre Nationen zu bezahlen hat, diesen ohnedem schlechten Zustand der Handlung noch schädlicher macht. Aus einem solchen Lande ist der Wechselcours in andre Staaten ohnedem sehr hoch. Dieser Erfolg ist ganz natürlich und leidet bey allen, die das Commercienwesen verstehen, keinen Zweifel. Denn da ein solches Land viel Geld an andre Nationen zu versenden hat; so bemühet sich ein jeder Wechselbriefe zu bekommen, um die Kosten der Absendung des Geldes in natura zu vermeiden; und er

wird

wird diese Wechselbriefe so hoch bezahlen, bis er nur noch einen geringen Vortheil gegen die Kosten der Absendung in natura hat. Allein, wenn die Ausfuhr des Geldes in seiner Substanz gar nicht erlaubt ist; so muß der Kaufmann, der Bezahlung leisten und sich in Credit erhalten muß, die Papiere der Ausländer so hoch bezahlen, als sie solche setzen und der Wechselcours muß immer höher steigen und zwar höher als die Absendung des Geldes in natura kostete. Denn das Hülfsmittel wider den allzuhohen Wechselcours, nämlich das Geld in Natur abzusenden, ist ihm benommen. Dennoch ist der grosse Verlust, den die Nation bey einem allzuhohen Wechselcours leidet, ganz vergeblich und ohne Nutzen. Denn wenn diese Nation die Handlungsbilanz nicht gewinnet; so muß doch endlich die Bezahlung des Geldes in Natur geschehen, wenn das Land bey Auswärtigen nicht allen Credit verliehren soll. So wie demnach das Verbot der Ausfuhr des Geldes bey einer Nation, welche die Handlungsbilanz bezahlen muß, nicht allein schädlich, sondern ganz und gar unmöglich ist; so ist hingegen dieses Verbot bey einem Volke, welches die allgemeine Handlungsbilanz über andere Völker gewonnen hat, gänzlich unnöthig. Dieses Volk bekommt jährlich von andern Völkern baar Geld heraus. Es hat demnach natürlicher Weise in alle solche Länder einen niedrigen Wechselcours. Ein Kaufmann also, der bey einer solchen Beschaffenheit Geld in Natur ausser Landes senden wollte, würde nicht klug seyn. Die Absendung des Geldes in Natur würde ihm dreymal höher zu stehen kommen, als durch Papiere; und ein solches Verfahren muß man nie von einem Kaufmann gedenken. Es ist wahr, es giebt demungeachtet Fälle, wo baar Geld in Natur ausser Landes gesendet wird. Allein gleichwie diese Fälle gegen die vorigen sehr wenig und von keiner Beträchtlichkeit seyn werden; so muß man auch bey einem Lande, das die Handlungsbilanz gewonnen hat, zweyerley voraussetzen. Es wird erstlich in einem solchen Lande viel fremdes Geld roulliren, indem andere Nationen beständig an dasselbe baar Geld heraus bezahlen müssen; und sodann wird man zur natürlichen Versendung des Geldes allemal eher das fremde Geld, als die eigne Landesmünze erwählen, und zwar wird man am allerersten desjenigen Landes Geld ergreifen, wohin die Versendung geschehen soll, weil dieses Geld daselbst am beliebtesten ist und damit am meisten auszurichten stehet. Man kann also wegen Versendung der Landesmünze ganz ohne Sorgen seyn. Ich sage hier nichts als was die Erfahrung bestätiget. England versendet jährlich, wie aus den Zollregistern erhellet, sehr viel Geld ausser Landes. Dennoch ist es eine Seltenheit in andern Ländern eine Guinee oder andere englische Münze zu Gesichte zu bekommen. Wie kommt dieses? England

land hat die allgemeine Handlungsbilanz über andere Völker gewonnen. Es gehet also jährlich viel fremd Geld nach England; und dieses fremde Geld ist es eben, was die Engländer bey sich ereignenden Vorfällen wieder versenden. Es ist wahr, es ist auch in England ein Verbot, die Landesmünze auszuführen. Allein dieses Verbot gehöret noch zu den Ueberbleibseln der ehemaligen schwachen Einsicht. Es würden auch ohne dasselbe keine englische Münzen ausgeführet werden; und wenn die englischen Kaufleute bey der Ausfuhr ihrer Landesmünzen sich Vortheil zu schaffen wüsten; so würde dieses Verbot von keiner grossen Wirkung seyn; so wie man die neuen Münzen andrer Staaten, ungeachtet des Verbots dennoch auswärts roulliren siehet. Eine andere Ursache des Verbots der Ausfuhr der Landesmünzen, daß nämlich dieselben in andern Staaten eingeschmolzen und dagegen das Land mit geringhaltigen Münzen überschwemmet würde, ist von eben so geringer Erheblichkeit. Man darf nämlich nur auswärtigen geringhaltigen Münzen keinen andern Cours im Lande gestatten, als nach ihrem wahren innerlichen Werth und nach dem Fusse der Landesmünzen: so wird diese Ausführung und Einschmelzung wohl nachbleiben müssen. Niemand begehret mit Verlust fremde Münzen einzuschmelzen. Ueber alles dieses ist das Verbot der Ausfuhr des Geldes, wider das Wesen und den Endzweck der Münzen.

Man hat bloß des auswärtigen Handels wegen göldne und silberne Münzen. Der inländische Verkehr könnte ohne Nachtheil mit kupfernen, zinnernen und andern Münzen geschehen, oder man könnte auch eine andere Sache zum allgemeinen Vergütungsmittel annehmen, wie es in einigen Landen wirklich statt findet. Wenn man alles dieses erwägen wollte; so würden die Regierungen einmal aufhören, sich des Verbotes der Ausfuhr des Geldes zu gebrauchen, welches unterdessen noch in diesem erleuchteten Jahrhunderte gar oft angewendet und insonderheit zwischen Frankreich und Savoyen zum grossen Nachtheil der Reisenden und der Commercirenden bis zur Ausschweifung getrieben worden ist (32).

3) Ob durch Errichtung einer Bank

Man pflegt auch seine Zuflucht zu Errichtung einer Bank zu nehmen, wenn es an einer genugsamen Summe Geldes in der Circulation ermangelt; und

(32) Auch hier hat Justi bey dem Wechselcurs eben den Fehler begangen, den ich schon in einer Anmerkung zu seinen **Grundsätzen der Polizeywissenschaft**, Göttingen 1782, 8. S. 175, gerügt habe. Nicht allemal ist ein hoher Wechselcurs schädlich. Das Englische Verbot der Geldausfuhr hat auch noch einen andern Grund, als es in andern Staaten haben kan, weil nämlich in England die Kosten der Münzung nicht auf die Münze geschlagen werden, also mit den Münzen zugleich verlohren gehn. Frankreich hingegen verbiethet die Rückkehr seiner ausgegangenen Louisd'or, und Holland münzet mit Vortheil für ganz Europa Dukaten. Ob aber England bey seinem Münzfusse Vortheile habe, das lese man bey Stewart.

und in der That ist dieses eines von den allerbesten Hülfsmitteln. Die Summe des circulirenden Geldes wird dadurch um so hoch vermehret, als die Summe, worauf die Bank gegründet ist, austrägt. Diese Vermehrung bestehet zwar nur in Papieren und mithin in der Einbildung. Allein, wenn die Bank einen vollkommenen Credit hat; so hat sie in Absicht auf die Vermehrung der circulirenden Summe eben den Nutzen, als wäre die Vermehrung wirklich geschehen. Wenn aber eine Bank diese Wirkung leisten soll; so muß sie folgende Beschaffenheiten haben. Sie muß 1) keine Giro oder Wechselbank, sondern eine Leihebank seyn. Die Wechselbanken sind nur zur Bequemlichkeit und Unterstützung eines grossen und bereits sehr blühenden Kaufhandels. Sie erfordern, daß die Summe aller Bancopapiere allezeit baar in der Bank vorhanden ist; und mithin kann keine Vermehrung der circulirenden Summe entstehen. Denn wenn eine Wechselbank eine andere Beschaffenheit hat und es wird dem Publico nur eingebildet, daß das Geld für die Bancopapiere parat lieget; so hat sie eine sehr gefährliche Einrichtung, die unvermuthet mit Schrecken ein Ende nehmen kann (33). Eine Leihebank ist in diesem Fall viel

(33) Die Bank, welche die Menge des umlaufenden Geldes (nicht eigentlich der Münze) vermehren kan, ist nicht die Girobank, als welche keine Zettel oder Banknoten giebt, sondern die so genante Zettelbank. Aber

viel gründlicher und kann, wenn ihre Papiere vollkommenen Credit haben, zugleich die Stelle einer Wechselbank vollkommen versehen. Sie kann zugleich ein Activ- und Passivleihebank seyn, und bey einer guten Einrichtung die Seele und die Unterstützung des ganzen Nahrungsstandes werden. Ich habe ein Project von einer solchen Leihebank, das in einem jeden Lande practicabel ist und dem Nahrungsstande sehr aufhelfen kann; und bin bereit solches auf Verlangen einem Hofe mitzutheilen. Sodann muß 2) eine solche Bank, welche die circulirende Summe vermehren soll, den allervollkommensten Credit, so wohl in- als ausserhalb Landes haben. Denn ausser dieser Beschaffenheit wird sie dem Nahrungsstande und insonderheit den Manufacturen und Commercien mehr zum Nachtheil, als Vortheil gereichen; und wenn sie endlich in gänzlichen Verfall kommt; so ist das der betrübteste Zustand, welcher dem Nahrungsstande den allerhärtesten Stoß versetzet. Es wäre alsdenn tausendmal besser diese Vermehrung der circulirenden Summe gar nicht zu Stande gebracht zu haben, als diese Vermehrung

auf

Aber weil dieser ihr Gebrauch von unverständigen und unredlichen Rathgebern gar zu leicht, zum größten Unglücke des Staats, übertrieben werden kan, so scheint es zu gefährlich, sie zu der Absicht, wovon hier der Verf. redet, vorzuschlagen. Lieber spahre man sie als eins der letzten Hülfsmittel bey dringendem Geldmangel. Leihebanken oder Leihehäuser, montes pietatis, sind von beyden ganz verschieden.

auf einmal in Wind und Rauch aufgehen und die Circulation auf die schädlichste Art gehemmet zu sehen. Die Erhaltung des Credits einer solchen Bank muß demnach die allerwichtigste Sorgfalt eines weisen Ministerii seyn; und die zu Erhaltung dieses Credits festgesetzten Maaßregeln müssen bey keiner Art von Noth und bedenklichen Zeitläuften ausser Augen gesetzt werden, wie wir schon oben in dem zweyten Abschnitte erinnert haben. Denn es ist leicht einzusehen, daß dadurch keine Noth des Staats gemindert werden kann. Vielmehr wird die Noth allemal grösser; denn so bald man den Credit einer Bank in Verfall kommen läßt; so fällt alles zu und will seine Capitalien zurück ziehen; dahingegen, wenn man den Credit der Bank und mithin des Staats erhält; so findet man in eben diesem Credit wider diese oder jene Noth des Staats verschiedene Arten von Hülfsmitteln.

4) Ob durch Errichtung von Handlungsgesellschaften.

Bey dem Mangel einer zureichenden Summe Geldes in der Circulation ist auch zuweilen die Errichtung neuer Handelsgesellschaften ein nicht unbrauchbares Hülfsmittel. In so fern man Fremde bewegen kann, an diesen Gesellschaften Antheil zu nehmen; so wird dadurch allemal mehr Geld zur Circulation kommen. Um aber die Fremden zu bewegen an diesen Anstalten Antheil zu nehmen; so müssen die Projecte groß, anreizend, aber auch zugleich gründlich seyn. Mann kann sich schwerlich versprechen, daß die Ausländer an Handlungsgesellschaften Antheil nehmen werden, deren Fond sehr mässig ist und deren Unternehmungen und Gewinnst folglich sehr eingeschränkt seyn müssen. Die Ausländer sehen alsdenn schon aus dem Project, daß dieses nur eine Sache für die Landeseinwohner ist. Grosse ausländische Kaufleute, die allein an solchen Gesellschaften Antheil zu nehmen pflegen, sehen die Sache viel zu klein an, als daß sie ihre Aufmerksamkeit und Theilnehmung verdiente. Wenn ein solches Project anreizend seyn soll; so müssen so wohl der Handlungsgesellschaft selbst, als den Actien grosse Freyheiten ertheilet werden; und zuweilen ist es rathsam, daß der Staat den Schaden und Verlust einer solchen Handlungsgesellschaft zu tragen übernimmt, oder die eingesetzten Capitalien garantiret, ohne an ihrem Gewinnste Antheil zu verlangen. Ludewig der vierzehnte, oder vielmehr Colbert, that dieses, als er eine neue ostindische Compagnie errichtete; und die Sache hatte eine so gute Wirkung, daß viele Engländer und Holländer daran Antheil nahmen. Es ist eine so wichtige Sache, die Summe des circulirenden Geldes durch ausländischen Zufluß zu vermehren, daß diese Bedingung nicht zu hart scheinen kann; und wenn wegen der Direction weise Maaßregeln genommen werden, das Project selbst aber gründlich ist; so setzet

sich

sich der Staat durch diese Versicherung einer geringen Gefahr aus. Die Gründlichkeit des Projects aber beruhet auf der Wahrscheinlichkeit des Gewinnstes, die aus der Einrichtung der Gesellschaft, aus der Art und Weise der Unternehmungen und aus der Beschaffenheit des Landes und der Gegenden, wohin die Etablissements und die Handlung abgezielet ist, beurtheilet werden muß. Alles kommt auf wohl überlegte Maaßregeln eines klüglich verfaßten Projects und auf eine einnehmende und überzeugende Art der Bekanntmachung an, als woran es den meisten Projecten der Handlungscompagnien gar sehr fehlet; so wird ein solches Project gewiß vermögend seyn eine ansehnliche Summe Geld in das Land zu ziehen und zur Circulation zu bringen. Vielleicht aber stehen einige in den Gedanken, daß es überhaupt nicht rathsam sey, Fremde an den Handlungscompagnien Antheil nehmen zu lassen, weil alsdenn ein grosser Antheil des Gewinnstes ausser Landes gehet. Allein diese Meynung ist sehr irrig. Ausser dem sehr wichtigen Vortheil Geld in das Land zu ziehen und die Commercien zu vergrössern; so sind diejenigen Ausländer, die an unsern Handlungscompagnien Antheil haben, eben so wenig als Fremde anzusehen, als diejenigen, die in unsern Landen Güter ankaufen, aber mit wesentlicher Wohnung in andern Staaten sich aufhalten. Sie stehen in dem genauesten Zusammenhange mit uns und sind nach der Maasse des

An-

Antheils von ihrem Vermögen, das sich in unserm Lande befindet,* unsre Mitbürger, die allemal nützlich sind und denen die Einkünfte von ihrem im Lande habenden Vermögen sehr wohl zu gönnen stehen. Der Ausfluß dieser Einkünfte ist gegen den Vortheil von dem Capital, das sie dem Lande zugewendet haben, von gar keiner Erheblichkeit; wie denn überhaupt dergleichen kleine Ausflüsse des Geldes eben so wenig zu vermeiden stehen, als wenn ein Unterthan in benachbarte Staaten reiset und sein Geld daselbst verzehret. Ueberdieß wird dadurch öfters zu vortheilhafter Correspondenz und Handlung solcher Ausländer in das Land Gelegenheit gegeben. Ja es ist zuweilen die Veranlassung, daß sich mit der Zeit ein solcher Ausländer mit seinem ganzen Vermögen in das Land wendet, eine Sache, die öfters eine beträchtliche Vermehrung des circulirenden Geldes bewirket; wie es denn überhaupt eine sehr grosse Erwerbung für den Staat ist, wenn er reiche Familien in das Land ziehen kann, zu welchem Endzweck keine Anreizungsmittel gesparet werden müssen.

5) Ob durch Leibrenten, Tontinen und Lotterien.

Es können auch Leibrenten, Societäten, Tontinen und dergleichen gebrauchet werden, um das circulirende Capital des Landes zu vermehren. Wenn der Staat einen vollkommenen Credit hat, wenn die vorhergehenden Zeiten keine Beyspiele aufweisen, daß der Staat seine eingegangenen Verbindlichkeiten verletzet

letzet hat; so werden nicht allein Ausländer ihr Geld in solche Anstalten einlegen, sondern auch viele Gelder der Unterthanen, die der Circulation entzogen und zum Unterhalt im Alter bestimmt sind, werden wieder aus dem Kasten hervorgehen, weil man vermöge der Theilnehmung an diesen Anstalten seines Unterhaltes im Alter versichert ist. Lotterien von genugsamer Grösse und etwas besserer, als der gemeinen Einrichtung, sind gleichfalls nicht ganz zu verwerfen. Die bekannte wienerische Millionenlotterie war an sich selbst kein unrechtes Project; und der widrige Erfolg war nicht dem Project selbst, sondern der Verwaltung und Anwendung der Gelder zuzuschreiben. Dergleichen Erfindungen, Geld in das Land zu ziehen, können noch auf andre verschiedene Arten gemacht werden. Nur wird dabey erfordert, daß der Staat einen vollkommenen Credit bey Auswärtigen habe. Allein wo dieser mangelt, da hat der Staat eine fast unheilbare Wunde, die vielen Hülfsmitteln, dem Lande aufzuhelfen, den Gebrauch verwehret. Der Credit ist demnach ein sehr grosses Kleinod für den Staat, dessen Erhaltung eine sehr grosse Sorgfalt erfordert.

Fehlerhafte Polizeyverfassungen sind gleichfalls eine Hinderniß der

Wir haben zwar schon oben erwähnet, daß alle Fehler und Gebrechen in der Verfassung und Einrichtung des Staats so viel Hindernisse für die Manufacturen und Fabriken sind. Allein die Fehler in

der

Manufacturen und Fabriken. der Polizey und insonderheit die widrigen Einrichtungen und Anstalten sind so wichtige Hindernisse, daß wir sie hier noch insbesondere aufführen müssen. Man kann es kaum glauben, was die Manufacturen und Fabriken in den Polizeyanstalten selbst für Hindernisse finden: und es würde tausendmal besser seyn in vielen Dingen gar keine Polizeyanstalten zu haben, als diejenigen, die wirklich im Staate statt finden. Der ganze Nahrungsstand hat bey seinem Aufkommen mehr wider die Polizey und die Anstalten wegen der Cameraleinkünfte des Fürsten, als wider irgend einige andere Hindernisse zu kämpfen. Wenn z. E. gar keine Polizeygesetze und Auflagen auf die Lebensmittel wären; so würde man in einem jeden Lande allemal den wohlfeilesten Preis der Lebensmittel haben, der nur nach der Fruchtbarkeit und Beschaffenheit des Landes möglich wäre. So bald diejenigen, welche mit dem Verkauf derselben sich nähreten, allzuviel Vortheil dabey suchten; so würden sich andere finden, welche mit einem geringern Vortheil zufrieden wären und dagegen ihren grössern Vortheil von der Menge des Absatzes hoffen. Die Bauern selbst, welche die Materialien der Lebensmittel in der ersten Hand haben, würden statt des Verkaufes des Viehes und Getreides, Fleisch und Brod in die Städte bringen und mit einem geringen Vortheile zufrieden seyn. Eben so kann man behaupten, daß wenn die Polizey und Cameralverfassunfassungen keine Hindernisse in Weg legten; so dürfte ein Land nur volkreich werden; so würden alle Nahrungsarten und Gewerbe von selbst entstehen. Ein jeder suchet sich zu ernähren und ein jeder würde mithin klügeln, eine Nahrungsart zu wählen und ausfündig zu machen, wodurch er seinen Unterhalt haben könnte. Allein nach unsern heutigen Verfassungen finden sich allenthalben Hindernisse, wenn auch Jemand den Willen, den Fleiß und die Geschicklichkeit hat, eine Nahrungsart zu treiben. Da darf dieses Gewerbe nicht auf dem Lande getrieben werden, da muß erst das Bürgerrecht, das Meisterrecht und wer weis was sonst noch für Rechte gewonnen werden. Ja öfters muß die Frau gleichfalls besondere Rechte haben, z. E. eines Bürgers, Meisters, Brauers u. d. Tochter seyn, oder dieses muß mit schwerem Gelde ersetzet werden; Hindernisse, welche es dem fleissigen und geschickten Manne unmöglich machen ein Gewerbe anzufangen. Von dieser Art zeigen sich eine Menge andere Hindernisse; da kommen wir dem Privilegio und den Rechten eines andern zu nahe, da sollen wir eine Nebenarbeit, die wir mit Vortheil selbst verrichten könnten, durch eine andere Zunft arbeiten lassen; da giebt es in Anschaffung der Materialien, in Verkauf der Waaren tausenderley Schwierigkeiten, indem bald die Stadt, in und bey welcher wir kaufen oder unsre Waaren durchführen wollen, den Vorkauf, den Stapel und wer weis was sonst noch für Rechte auszuüben verlanget, bald aber die Ein- und Ausfuhr dieser oder jener Materialien und Waaren überhaupt verboten ist. Fast eben so viel Schwierigkeiten ereignen sich in Ansehung der Cameraleinkünfte des Regenten: und kurz die Hindernisse sind unbeschreiblich, die sich von allen Seiten den Gewerben entgegen stellen. Daher stehen einige in den Gedanken, daß die neueinzuführenden Manufacturen und Fabriken von Seiten des Staats fast gar keiner Unterstützung bedürfen würden, wenn man nur die vielen Hindernisse der Polizey und andern Verfassungen aus dem Wege zu räumen wüste; und die Erfahrung scheinet diese Meynung zu bestärken. Je weniger ein Land dergleichen Hindernisse gehabt hat, desto mehr sind die Manufacturen und Fabriken darin aufgekeimet und fortgewachsen. Holland, welches gar keine Innungen und Zünfte hat, sondern jederman dasjenige Gewerbe zu treiben gestattet, wozu er die Geschicklichkeit hat, ist voller blühenden Manufacturen und Fabriken geworden, ohne, daß der Staat im geringsten mit thätiger Unterstützung etwas dazu beygetragen hat. Die Schweitz, wo die Manufacturen nicht die geringste Beyhülfe von Seiten des Staats genossen, aber auch von Seiten der Polizey und der Abgaben desto weniger Hindernisse vorgefunden haben, hat in diesem Jahrhunderte einen vortreflichen Fortgang in diesen Nahrungsgeschäften gehabt.

gehabt. Der sehr volkreiche Zustand in Sina hat alle nur ersinnliche Arten von Handthierungen und Gewerben von selbst eingeführet, weil sich keine Hindernisse gezeiget haben. Was meine eigne Meynuug anbetrift; so bin ich zwar weit entfernt zu glauben, daß die Polizeyverfassungen ganz und gar unnöthig im Staate sind und daß man die Manufacturen und Fabriken lediglich sich selbst überlassen könne. Ich bin sehr überzeugt, daß die Polizey, die lediglich den Endzweck hat, das Aufnehmen des Nahrungsstandes zu befördern, diesen Endzweck auch erreichen kann, wenn sie wohl eingerichtet ist. Allein aus demjenigen, was ich hier vorgestellet habe, erhellet wenigstens so viel, daß eine fehlerhafte Einrichtung und Verwaltung der Polizey eines der größten Hindernisse der Manufacturen und Fabriken und überhaupt eines blühenden Nahrungsstandes ist, und daß daher eine gute und mit dem Aufnehmen des Nahrungsstandes wohl übereinstimmende Polizey das erste und wichtigste Augenmerk einer weisen Regierung verdienet. Eine eben so grosse Aufmerksamkeit muß auf die Verwaltung der Polizey gerichtet werden. Die Bedienten, die zu der Direction derselben gebrauchet werden, müssen nicht allein mit den richtigsten Grundsätzen und der vollkommensten Kenntniß dieser Wissenschaft erfüllet, sondern auch von aller Eigennützigkeit gänzlich entfernet seyn. Da ihr Betragen unter allen Bedienten des Staats am wenigsten übersehen werden kann und da die Ausserachtsetzung ihrer Pflicht wegen heimlicher Geschenke, die nur gar zu öfters vorzufallen pflegen, das äusserste Nachtheil für das gemeine Wesen verursachet; so sollte das geringste Geschenk, dessen man sie oder ihre Weiber überführen könnte, mit der härtesten Strafe beleget werden.

Die grosse Gewinnsucht und der Brodneid der Fabrikanten ist gleichfalls eine Hinderniß.

Die grosse Gewinnsucht der Fabrikanten selbst ist endlich gleichfalls eine der inländischen Hindernisse, welche nicht selten dem Aufkommen der Manufacturen und Fabriken im Wege stehet. Diese Leute, zumal bey neuerrichteten Manufacturen und Fabriken, suchen öfters allzugrossen Vortheil und wollen auf einmal reich werden. Daraus entstehet die Theurung der Manufactur- und Fabrikenwaaren, die, wie wir so oft erinnert haben, dem Wachsthum dieser Nahrungsgeschäfte so nachtheilig ist. Man muß den Fabrikanten diesen irrigen Grundsatz zu benehmen suchen. Man muß ihnen vorstellen, daß sie sowohl sich selbst als dem gemeinen Wesen dadurch Schaden zufügen, daß sie ihren Vortheil auf ihren Fleiß, auf die gute Einrichtung ihrer Manufactur, auf die Menge des Absatzes und mithin auf die Erweiterung ihres Werkes, nicht aber auf den theuren Preis der Waaren gründen müssen. Wenn aber nach meinem Vorschlage in dem vorhergehenden Abschnitte zugleich bey der Beschauanstalt die Taxation

tion eines jeden Stücks Waare angeordnet ist; so kann man dieser grossen Gewinnsucht der Manufacturiers auf eine viel wirksamere Art begegnen; indem man die Taxatores anhält, daß sie strenge ihre Schuldigkeit beobachten und ein jedes Stück dem Preise der ausländischen Waaren vollkommen gleich taxiren müssen. Eine gleiche Hinderniß ereignet sich durch den Brodneid und die daraus entspringende bittere Feindschaft der Fabrikanten gegen einander, davon wir schon in dem vorhergehenden Abschnitte etwas gedacht haben. Dieser Neid und Feindschaft ist so gewiß zu gewarten, daß die Regierung schon im voraus in den Manufacturgesetzen dawider Vorsehung thun und ihnen die Gelegenheit einander zu bedrücken, Schaden zu thun und in Proceß und Streitigkeiten mit einander zu gerathen, abschneiden muß. Wenn die Regierung vermeidet Monopolia und besondere Freyheiten und Gerechtsame zu ertheilen; so ist schon eine grosse Ursache der Streitigkeiten verhütet. Eine andere Gelegenheit zu häufigen Streitigkeiten ist die Verführung oder Abspenstigmachung der Arbeitsleute. Da giebt es beständig Streitigkeiten, daß der eine Manufacturier dem andern die Arbeitsleute, die er mit grossen Kosten lernen lassen, oder aus andern Landen verschrieben habe, an sich gezogen und verführet habe. In einigen Landen hat man deswegen das Gesetz gemacht, daß kein Arbeiter eines Manufacturiers bey einem andern in Dienste und Arbeit gehen kann, er habe denn zuvor ein halb Jahr ausserhalb Landes wieder gewandert oder sich aufgehalten. Allein dieses Gesetz hat verschiedene Bedenklichkeiten. Die Arbeiter sind nicht allemal überflüssig vorhanden; und es wird sich öfters ereignen, daß ein geschickter Arbeiter, der solchergestalt auszuwandern genöthiget wird, gar nicht wiederkömmt. Vielleicht würde es daher besser seyn, wenn man festsetzte, daß die Arbeiter nur alle viertel oder halbe Jahre ihren Manufacturier oder Herrn verändern könnten, und daß von einer oder der andern Seite einen Monath vorher die Aufkündigung geschehen müßte. Wenn aber ein Fabrikant einen Arbeiter auf seine Kosten lernen oder aus andern Ländern kommen läßt, ohne daß ihm hierzu von der Regierung Beytrag geschehen; so muß er mit diesem Arbeiter contrahiren, wie lange derselbe in Ansehung dieser Kosten bey ihm arbeiten soll. Ausserdem muß erachtet werden, daß er diese Kosten geschenkt und dadurch seine gesetzliche Freyheit nicht eingeschränkt habe. Ueberhaupt sollte bey allen Gesellen und Arbeitern die Freyheit, die Arbeit nach Belieben verlassen zu können, wodurch die Arbeiter nur trotzig werden, eingeschränkt und auf ein viertel oder halb Jahr festgesetzet seyn; so wie solches die Buchdrucker, die Fastbäcker und einige andere Handwerker durch die Gewohnheit mit gutem Nutzen eingeführet haben.

Wir

Wir kommen nunmehr auf die ausländischen Hindernisse gegen das Aufkommen unserer Manufacturen und Fabriken; und diese werden in viel geringerer Anzahl und viel leichter zu überwinden seyn, als die inländischen. Denn ob wir zwar versichert seyn können, daß alle andere Völker, die blühende Manufacturen und Fabriken haben, alles ihr mögliches thun werden, uns Hindernisse in Weg zu legen; so ist doch dasjenige, was in ihrem Vermögen ist, uns zu schaden, selten von einer besondern Wichtigkeit. Diese Bemühungen der Völker einander Hindernisse in Weg zu legen, ist keine Sache, weshalb ein Volk Vorwurf verdienet. In Ansehung der Commercien und Manufacturen sind alle Völker Mitbuhler und Nebeneiferer. Ein jedes suchet dem andern den Rang abzulaufen. Ein jedes brauchet seinen Fleiß und seine natürlichen Vortheile auf das Beste; und kein Volk kann von dem andern verlangen, daß es in dieser Bemühung etwas nachlassen soll. Ein kluges Volk kann ein einfältiges hierin überlisten und bevortheilen. Allein es kann niemals in Ernst verlangen, daß das andere seinen Vortheil aufgeben und den seinigen befördern soll. Dieses würde eine unbillige und wunderliche Forderung seyn. Wir haben hiervon schon oben in dem Hauptstücke von den Beförderungsmitteln der Commercien etwas erwähnet.

Zweyte Classe der ausländischen Hindernisse.

Wenn uns die Ausländer die Materialien vorenthalten.

Eine der grössten Hindernisse ist es, wenn wir in fremden Materialien arbeiten und die Ausländer uns dieselben vorenthalten, indem sie ein allgemeines Verbot der Ausfuhr derselben ergehen lassen. Diese Hinderniß ist in der That sehr groß, wenn wir diese Materialien nur bey einem einzigen Volke erlangen können, so daß dieses Volk das Monopolium damit hat. Sie kann nicht allein eine anfangende Manufactur rückgängig machen, sondern diese Ursache kann bereits gegründete und blühende Manufacturen wieder vernichten. Als die Königinn Elisabeth die Ausfuhr der Wolle aus England gänzlich verbot; so brachte sie dadurch den blühenden niederländischen Manufacturen, die lediglich aus dieser Wolle gearbeitet wurden, den härtesten Stoß und fast den gänzlichen Umsturz bey. Die meisten Manufacturiers wurden dadurch genöthiget die Niederlande zu verlassen und sich in England niederzulassen. Allein ein Volk, daß sich in dieser Beschaffenheit befindet, daß es nur von einem einzigen Volke seine Materialien erlangen kann, thut niemals wohl, wenn es diese Art der Manufacturen anfängt. Es kann leicht voraussehen, das seine Manufacturen allemal in der Gewalt des andern Volkes seyn werden; und es muß sich vorstellen, daß der Fall der Vorenthaltung der Materialien sich über lang oder kurz gewiß ereignen werde. Wenn es sich nun nicht auf diesen Fall im voraus vorbereiten kann, wenn es nicht so siche-

sichere Maaßregeln ergreifen kann, daß es mit der Zeit diese Materialien selbst gewinnet, wie denn wenig oder gar keine Materialien seyn werden, deren Erzeugung man nicht entweder in dem Hauptstaate oder in den Colonien durch Fleiß und gute Anordnungen veranstalten könnte; so wird es allemal weislicher verfahren, diese Art der Manufacturen gar nicht anzufangen, sondern sich desto mehr auf andere zu befleissigen. Die Unterlassung dieser Manufacturen wird ihm bey weitem nicht so schädlich seyn, als die Unordnung, die sich durch die Vorenthaltung der Materialien und mithin durch die plötzliche Hemmung und Vernichtung dieser Manufacturen in seinem ganzen Nahrungsstande ereignen wird, oder wenn es, um diese Unordnung zu vermeiden, von dem andern Volke gänzlich abhängig seyn muß. Allein, wenn noch ein anderes Volk eben diese Materialien hat; so kann man die Anlegung dieser Art von Manufacturen allemal wagen. Diese beyden Völker, von welchen wir diese Materialien erlangen müssen, werden selten in ihren Absichten und Staatsinteresse mit einander übereinstimmen; und wenn wir allemal dem Interesse der einen Nation schmeicheln, so werden wir die benöthigten Materialien erlangen können, ohne allzuviel aufzuopfern.

Es ereignet sich auch nicht selten, daß ein andres Volk zu verhindern sucht, daß keine Manufactur- und

Wenn uns die Ausländer die Arbeiter und

Geräthschaften vorenthalten.

und Fabrikenarbeiter zu uns gehen sollen. Allein diese Hinderniß hat weit weniger zu bedeuten. Es ist keine Regierung vermögend den Ausgang solcher Arbeiter gänzlich zu verhindern, weil die Leute unter tausenderley Gestalten aus dem Lande gehen können, und die strengste Aufsicht niemals zureichen wird, die Leute, die zur Auswanderung einmal geneigt sind, davon abzuhalten. Bey der Bekehrung der Reformirten in Frankreich durch die Dragoner fanden mehr als eine Million Menschen Gelegenheit aus dem Lande zu flüchten, ungeachtet die Pässe und Gränzen mit äusserster Vorsicht besetzet waren. Es kommt demnach alles darauf an, was für Bedingungen wir ausländischen Arbeitern anbieten und in was für Ruf wir bey den Auswärtigen stehen; so wird es uns gar nicht fehlen genugsame Arbeiter zu anfangenden Manufacturen zu erhalten; wie denn nicht alle Völker, die Manufacturen haben, mit gleicher Strenge den Ausgang der Arbeiter zu verhindern suchen. Wenn uns die Geräthschaften oder das Arbeitszeug zu den Manufacturen vorenthalten werden wollte; so würde diese Verhinderung von noch geringerer Erheblichkeit seyn. Wir brauchen nur ein Muster von jeder Art zu haben, welches gar wohl zu erlangen ist; so können wir leicht dergleichen Geräthschaften nacharbeiten lassen. Es muß dieses ohnedem eine der ersten Bemühungen der Regierung seyn, wenn auch solche Geräthschaften aus

andern

andern Landen in Menge zu haben wären, damit man den Ausfluß des Geldes dafür vermeiden möge.

Eines der größten Hindernisse, welches die Ausländer dem Aufkommen unserer Manufacturen und Fabriken entgegen zu stellen pflegen, ist, daß sie eine Zeitlang ihre Waaren auf so wohlfeilen Preis herunter setzen, daß es uns unmöglich ist, mit den unsrigen auswärtigen Debit zu erlangen; und in der That, dieses Mittel hat schon manche Fabrikaturen wieder zu Grunde gerichtet. Man faßte unter dem Kaiser Carl dem sechsten die Idee, in Steyermark, welches den bekannten vortreflichen Stahl hat, die stählernen Instrumente und Geräthschaften, die in England so schön und zwar meistentheils aus steyermärkischem Stahl gearbeitet werden, selbst verfertigen zu lassen. Allein die Engländer ergriffen dieses Mittel, von welchem wir hier reden, und gaben eine Zeitlang ihre stählerne Waaren so wohlfeil, daß die steyermärkischen Fabrikaturen gar keinen ausländischen Debit gewinnen, folglich nicht bestehen konnten, sondern wieder zu Grunde gehen mußten. Hier fragt es sich nun, was gegen diese Hinderniß der Ausländer für Maaßregeln zu ergreifen sind. Es ist kein anderes Mittel vorhanden, als daß die Regierung ihre neuangelegten Fabriken solchergestalt unterstützen muß, daß sie ihre Waaren eben so wohlfeil und noch wohlfeiler geben können,

Wenn die Ausländer ihre Waaren wohlfeilen Preises geben, um den Debit der unsrigen zu hindern.

als die Ausländer. Dieses geschiehet, wenn die Prämien der Ausfuhr, davon wir in dem vorhergehenden Abschnitte geredet haben, vergrössert werden. Diese Vergrösserung muß sich auf richtige Berechnung der Kosten bey den Fabrikaturen gründen, um zu bestimmen, wie viel durch die Prämien Zuschuß gegeben werden muß, wenn die Fabriken bestehen und es doch den Ausländern im wohlfeilen Preise gleich und noch etwas zuvor thun sollen. Man muß die Kosten, welche die Regierung hierauf zu verwenden hat, nicht allzugroß ansehen. Die Ausländer werden diesen wohlfeilen Preis selbst nicht lange aushalten können; und sie werden bald selbst davon ablassen, wenn sie sehen, daß die Regierung mit einer weisen Standhaftigkeit die nöthigen Maaßregeln und Entschliessungen ergreift, um ihre neuangelegten Fabriken zu erhalten. Dieses wären auch die vornehmsten Hindernisse, die von auswärtigen Nationen gegen das Aufkommen unserer Manufacturen in Weg geleget werden können. Wenn noch einige möglich sind; so werden sie von weit geringerer Erheblichkeit seyn.

Fünf-

Fünfter Abschnitt.

Von Erhaltung der Manufacturen und Fabriken, oder von der Fürsorge deren Verfall abzuwenden.

Die Erhaltung der Manufacturen ist nothwendig und vielleicht schwerer als die Gründung

Wenn die Manufacturen weislich angeleget, dauerhaft gegründet und durch Hebung aller Hindernisse blühend gemacht sind; so höret deshalb die Fürsorge einer weisen Regierung für dieselben nicht auf. So bald man dieselben sich selbst überlassen wollte; so würden sie gar bald wieder in ihren Verfall gehen. Es ist demnach eine eben so unaufhörliche Wachsamkeit zu deren Erhaltung nöthig, als wohl überlegte Maaßregeln zu deren Gründung erfordert werden. Ja man könnte vielleicht hier eben die Frage aufwerfen, die ehedem die Academie zu Pau in Frankreich in Ansehung des Vermögens aufgegeben hat, nämlich ob es schwerer sey, die Manufacturen und Fabriken im Lande einzuführen und zu gründen, als die bereits gegründeten zu erhalten;

und gleichwie gedachte Academie demjenigen den Preis zuerkannte, welcher behauptete, daß die Erhaltung des Vermögens schwerer sey, als die Erwerbung; so würde hier vielleicht die Entscheidung eben also ausfallen müssen.

Italien verlohr den größten Theil seiner Manufacturen wegen Ausserachtsetzung eines geringscheinenden Vortheils.

Es fehlet uns nicht an Beyspielen, daß die allerblühendesten Manufacturen eines Landes wieder in gänzlichen Verfall gerathen sind. Nachdem sich Europa von den erschrecklichen Unruhen und Verwüstungen, welche die grosse Wanderung der Völker verursachte, ein klein wenig wieder erholet hatte; so war Italien allein der Sitz der Manufacturen von ganz Europa. Eine gewisse Bequemlichkeit der Italiäner machte, daß sie grossentheils verlohren giengen. Sie scheueten die Schiffarth in die nördlichen Länder von Europa, indem sie sich dieselbe dahin zu gefährlich vorstelleten. Sie machten daher Flandern zu ihrer Hauptniederlage für das ganze nördliche Europa, wo sie sowohl ihre verfertigten Waaren hinbrachten, als die englische Wolle und andere Materialien abholeten. Dieses gab Gelegenheit, daß die Grafen von Flandern im zehenden Jahrhundert, die ihren Vortheil einsahen, weiter giengen, und die Manufacturiers selbst durch grosse Befreyungen und andere kluge Maaßregeln in ihr Land lockten. Dieses Beyspiel lehret uns, daß eine arbeitsame Nation, die blühende Manufacturen hat, keinen

nen einzigen Vortheil ausser Acht lassen muß. Ein geringscheinender Vortheil, den wir ein anderes Volk über uns gewinnen lassen, kann viel weiter getrieben werden und die nachtheiligsten Folgen für uns haben.

Flandern, welches vom Anfange des elften bis zu Ende des dreyzehnten Jahrhunderts die blühendesten Manufacturen hatte, verlohr dieselben, weil die nachfolgenden Grafen von Flandern die guten Grundsätze ihrer Vorfahren ausser Acht setzten. Sie zogen die den Manufacturen von ihren Vorfahren ertheilten grossen Freyheiten ein und beschwerten dieselben mit starken Abgaben und andern Bedrückungen. Die Herzoge von Braband, die von den Fehlern ihrer Nachbarn Vortheil zu ziehen wußten, reizten die Manufacturiers durch eben die Freyheiten und Gütigkeitsvollen Bewegungen, sich in ihren Landen niederzulassen, wodurch sie ehedem die Grafen von Flandern an sich gezogen hatten.

Flandern verlohr die Manufacturen durch Beschwerung mit Abgaben u. andern Bedrückungen

Ungeachtet dieses lehrenden Beyspiels verfielen die nachherigen Herzoge von Braband in eben den Fehler, den sie an den Grafen von Flandern bemerket hatten. Der grosse Aufruhr zu Löwen, der durch die Bedrückung der Manufacturiers im Anfange des funfzehnten Jahrhunderts entstand und andere Vorfälle dieser Art gaben den blühenden Manufacturen ihres

Braband büßte sie durch eben diesen Fehler und durch die Religionsverfolgungen ein.

ihres Landes einen grausamen Stoß. Die Manufacturiers entwichen theils nach Holland, theils nach England, und die Religionsverfolgungen des Herzogs von Alba vernichteten dasjenige vollends, was davon übrig geblieben war. Die grosse Königinn Elisabeth in England, die viel zu weise war, als daß sie diesen Fehler nicht hätte zu ihrem Nutzen verwenden sollen, beförderte vollends ihren Untergang, durch das genaugehaltene Verbot der Ausfuhr der Wolle aus England. Zu den Religionsverfolgungen kam der Mangel der Materialien; und beyde zusammen genommen, waren gewiß vermögend, die Manufacturiers zu Veränderung des Landes zu bewegen, da schon eines von diesen Mitteln zu dieser Wirkung genug war. Man muß sich allemal vorstellen, daß die Nachbarn auf unsern kleinsten Fehler aufmerksam sind und daraus ihren Vortheil zu ziehen wissen.

Die Hansestädte erlitten durch den Verlust ihrer Commercien zugleich auch den Untergang ihrer Manufacturen.

Die Hansestädte erlitten durch den Verlust ihrer Commercien zugleich auch den Untergang ihrer Manufacturen. Die meisten Hansestädte, die ihrer Lage nach die Seehandlung nicht treiben konnten, beflissen sich hauptsächlich auf die Manufacturen, und bey vielen waren diese Nahrungsgeschäfte in einem blühenden Zustande. Man findet in den Archiven vieler Städte in Niedersachsen, die ehedem Hansestädte waren, daß vor einigen Jahrhunderten so viel hun-

hundert Tuchmacher und Zeugweber darin gewesen sind, als jetzt einzelne Meister darin wohnen; und von Göttingen insbesondere weis ich, daß Nachrichten vorhanden sind, daß diese Stadt so gar ansehnliche Seiden- und Samtmanufacturen gehabt hat. Man weis die grosse Macht der Hansa; man weis aber auch, warum ihre Commercien und mithin zugleich ihre Macht verlohren giengen. Der Hochmuth, ein allzuhochgetriebener Eigennutz, der alles an sich reissen wollte, aber mit weniger Klugheit vergesellschaftet war, der Uebermuth, womit sie Königen und Fürsten begegneten, kurz dieser Geist der meisten Menschen, die wegen Reichthum und Macht aufschwellen, die sie in einem wohleingerichteten Zusammenhange der Dinge nicht haben sollten, und worüber sie sich von Rechts wegen selbst wundern müsten, wie sie dazu haben gelangen können, dieser Geist, der sich in manchen Stadträthen noch heutiges Tages reget, brachte alle Mächte wider die Hansestädte auf, die sich zusammen vereinigten ihre Commercien zu Boden zu stürzen, und welches zum Nachtheil von Teutschland nur allzuwohl ausgeführet wurde; eine Sache, worüber man sich aber nicht wundern darf, weil selbst der Kaiser Carl V. an dem Untergange der hanseatischen Commercien, die er schützen und für Teutschland erhalten sollte, am eifrigsten mitarbeitete. Dieser Untergang der Commercien zog auch den gänzlichen Verfall der Manufacturen nach sich. Man muß es vielmehr eine gänzliche Vernichtung nennen; denn in den meisten Städten blieb keine Spuhr davon übrig. Viele, die in dem hanseatischen Bunde eine ansehnliche Figur gemacht hatten, waren vor hundert Jahren in mit Mauren umgebene Dörfer verwandelt, weil sie sich mit nichts als Ackerbau und Viehzucht nähreten. Der Verfall der Commercien muste zwar natürlicher Weise auch den Verfall der Manufacturen wirken, allein die gänzliche Vernichtung derselben war etwas ganz ausserordentliches, die nicht allein von dem Verfall der Commercien entstehen konnte. Es müssen andere Ursachen hinzugekommen seyn, davon uns die Umstände unbekannt geblieben sind. Vielleicht haben die teutschen Fürsten, deren Landstädte diese ehemaligen Hanseestädte waren, und welche den Gehorsam zu vergessen schienen, als sie blühende Manufacturen hatten, auf verschiedene Art zu der Vernichtung dieser Nahrungsgeschäfte mitgewirket, damit ihnen künftig der Muth, sich wider ihre Landesherren aufzulehnen, benommen werden möchte.

Auch ohne solche Fehler sind blühende Manufacturen der Veränderung und mithin dem Ver-

Nicht allein solche sichtbare Fehler, als wir hier vorgestellet haben, können den Verfall der Manufacturen und Fabriken verursachen, sondern dieser Verfall entstehet gleichsam von sich selbst nach dem natürlichen Lauf der Dinge, wenn nicht eine beständige Wachsamkeit und Fürsorge denselben verhindert.

Blühen-

Blühende Manufacturen und Fabriken bestehen in einem Zusammenhange von tausenderley verschiedenen Umständen. In so vielen Umständen gehen von selbst beständig Veränderungen vor, die selten zum Vortheil der Manufacturen gereichen. Diese Veränderungen ereignen sich nicht allein innerhalb des Landes, in Ansehung des Credits, der Münzen, der Theurung an Lebensmitteln, des Krieges und vieler andern Dinge, womit die Manufacturen und Fabriken einen Zusammenhang haben, sondern sie entstehen auch ausserhalb Landes bald in Ansehung der zu erlangenden Materialien, die uns schwerer gemacht werden, bald in Ansehung des Debits, den wir in diesem oder jenem Lande verliehren, weil wir so viele auswärtige Nebenbuhler und Miteiferer haben, die alle nach eben dem Endzweck ringen, nämlich sich durch diese Nahrungsgeschäfte zu bereichern. So bald man also in den Manufacturen und Fabriken stille stehet und die Fürsorge für dieselben sinken läßt; so bald gehen die allerblühendesten Manufacturen rückwärts und nähern sich ihrem Verfall. Gleichwie nun also die Regierung beständig eine unermüdete Fürsorge tragen muß, daß keine nachtheiligen Umstände und Veränderungen in diesen Nahrungsgeschäften vorgehen, so muß auch das plus ultra eine Hauptregel bey denselben seyn. Man muß sie in allen Theilen, wo es nur immer möglich ist, zu erweitern und zu vermehren suchen, damit wenn

fall unterworfen.

auch dieser oder jener besondere Theil der Manufacturen und Fabriken einen Verfall leidet, der nicht abzuwenden stehet, dieser Abgang durch eine Vergrösserung auf der andern Seite ersetzet werde und mithin der Nahrungsstand im Ganzen nicht darunter leide (34).

Man muß beständig etwas neues einzuführen und die alten Manufacturen zu erweitern suchen.

Zu Folge dieser Grundsätze muß man beständig etwas neues zur Vergrösserung der Manufacturen und Fabriken zu Stande zu bringen suchen. Dahin gehören nicht allein die neuen Erfindungen in den Farben, Desseins und Maschinen, davon wir oben hin und wieder gehandelt haben, sondern auch ganz neue Arten von Manufacturen und Fabriken, die im Lande noch nicht statt finden. Die Engländer, welche hierin die guten Grundsätze sehr wohl verstehen, sind ungeachtet ihres sehr blühenden Nahrungsstandes beständig bemühet neue Arten von Fabriken einzuführen. Sie bedienen sich zu dem Ende der Belohnungen, und man weis unter andern, daß sie auf jedes Pfund Kobald, das man zum Behuf der blauen Schmaltefabriken in England entdecken würde, eine ansehnliche Prämie ausgesetzet haben. Gleicher-

(34) Vielleicht ist hier die Anmerkung nicht überflüssig, daß man in manchen Staaten den neu angelegten Manufacturen durch übertriebene Beobachtung oder Aufsicht, durch immer neue Vorschriften und öftere Visitationen würklich geschadet hat. So tödtet der Knabe den gefangenen Vogel, weil er ihn aus gar zu grosser Liebe immer in der Hand tragen will.

chergestalt muß man zu folge dieser Grundsätze die alten Manufacturen immer mehr zu vergrössern und zu erweitern bemühet seyn; und weil dieses hauptsächlich auf die Vergrösserung des Debits ankommt; so muß man keine Gelegenheit, die sich dazu zeiget, ausser Acht lassen, sowohl um unsern Waaren in andern Staaten mehrern Eingang zu verschaffen, als die Handlung in solchen Ländern und Gegenden zu eröfnen, wo sich dieselbe bisher noch nicht hin erstrecket hat.

Man muß sich nach dem Geschmack der Käufer bequemen, auch wenn er wunderlich ist.

Wir haben zwar schon oben erinnert, daß sich eine Nation, die sich auf Manufacturen und Fabriken befleissiget, hauptsächlich nach dem Geschmack andrer Nationen, wo ihre Waaren den meisten Eingang haben, richten muß; denn hierin muß sich der Verkäufer allemal nach dem Käufer bequemen. Allein, wenn dieses ein Mittel zu Beförderung und Gründung neuer Manufacturen ist; so ist es vielmehr zu Erhaltung der Manufacturen nothwendig; und man weis Beyspiele, daß diese oder jene Nation den Debit in einem Lande verlohren hat, weil sie sich nicht nach dem Geschmack des Landes gefüget hat. Wenn eine andre Nation in ein Land, wo wir zeither Absatz gehabt haben, neue Waaren brächte, die Beyfall fänden, so würde es sogar der Klugheit gemäß seyn, diese neuen Waaren eiligst nachzuahmen und es in die Wege zu richten, daß un-

unsere nachgeahmten wohlfeiler gegeben werden könnten, wenn es auch mit einem geringen Profit geschehen sollte. Denn es ist eine ungemein wichtige Sache seine Waaren in dem vorzüglichen Debit bey einer andern Nation zu erhalten. Ja man würde sich sogar nach dem Geschmack dieser Nation bequemen müssen, wenn er auch wunderlich, ungereimt und dasjenige, was sie an unsern Waaren aussetzten, ohne allen Grund wäre. Als das Sächsische Porcellan anfieng in die Türkey zu gehen; so gefiel zwar den Türken das Porcellan selbst gar wohl; allein weil unter den Gefässen die Schwerdter als das Wappen von Sachsen zu sehen waren; so bildeten sich die in der Wappenkunst sehr unwissenden Türken ein, daß dieses das Zeichen des Kreuzes, als das vornehmste Merkzeichen der christlichen Religion wäre; und gleichwie es in allen Religionen Leute von einer abergläubischen Andacht giebt; so machten sich die bigotten Türken ein Gewissen daraus, sich solcher Gefässe zu bedienen. So ungegründet dieser Anstoß an sich selbst war; so wurde er doch nicht so bald von den türkischen Kaufleuten nach Sachsen gemeldet, als man denselben aus dem Wege räumte und unter alle nach der Türkey bestimmte Gefässe einen halben Mond mahlete. Man findet zuweilen solche Gefässe mit dem halben Mond unter dem so genannten Ausschuß, der verkaufet wird.

Eines

Eines der allerwirksamsten Mittel zu Erhaltung der Manufacturen und Fabriken des Landes sind die Factoreyen in fremden Landen. Man wird dadurch nicht allein von dem Geschmack der Nation, mit welcher wir handeln, am sichersten unterrichtet; sondern der Debit wird auch dadurch ungleich besser befördert, als durch andre Arten der Handlung; und was das wichtigste ist, unsere Landesleute, die sich daselbst aufhalten, können auf alle Veränderungen, die zu unserem Nachtheil in den Commercien vorgehen möchten, desto aufmerksamer seyn, um dienliche Hülfsmittel dagegen zu ergreifen; so wie sie von allen Gelegenheiten, unsern Handel in diesem Lande mehr zu verbreiten, schleunigen Vortheil ziehen können. Die Engländer haben vielleicht die grosse Ausbreitung ihres Handels diesem Hülfsmittel mit zu verdanken. Es ist fast kein Land in der Welt, wo sie nicht ihre Factoreyen haben.

Factoreyen in fremden Landen sind zu Erhaltung blühender Manufacturen sehr nützlich.

Wenn beständig neue Erfindungen in den Manufacturen gemacht werden sollen, wenn es nöthig ist den Geschmack der Ausländer zu vergnügen und überhaupt wenn unsere Landeswaaren gefallen sollen, um die Manufacturen beständig blühend zu erhalten; so muß es eine der wichtigsten Fürsorgen seyn, daß die Arbeiter eine grosse Geschicklichkeit erlangen und beständig in derselben erhalten werden. In der That ist dieses eines der vornehmsten Mittel

Die Geschicklichkeit der Arbeiter zu befördern und zu erhalten, ist ein Mittel zu Erhaltung der Manufacturen.

tel zu Erhaltung der Landesmanufacturen. Denn so bald die Geschicklichkeit unserer Manufacturiers abnehmen wird, so bald wird auch unser Debit sinken und mithin der Verfall unserer Manufacturen selbst vorhanden seyn. Die Beförderung und Erhaltung der Geschicklichkeit beruhet eines Theils darauf, daß man geschickten Manufacturiers und Arbeitern allenthalben den Vorzug zugestehet und sie in den Stand setzet, daß sie vermöge ihrer Geschicklichkeit Vermögen erwerben können, andern Theils aber und hauptsächlich kommt die Sache darauf an, daß man eine grosse Attention auf die Lehrjahre und das Meisterwerden der Arbeiter richtet und zu dem Ende wohleingerichtete Gesetze und Ordnungen ertheilet. Wenn ich oben erwähnet habe, daß ich die Innungen und Zünfte bey den Manufacturen und Fabriken nicht eingeführet zu sehen wünsche; so verstehet sich dieses nach der gemeinen Einrichtung und Verfassung der Zünfte, die, wenn man auch die meisten Mißbräuche abändern und verbessern könnte, dennoch ganz und gar nichts taugt. Allein die vollkommene Erlernung der Manufactur- und Fabrikenarbeiten und die Ordnung, daß nur geschickte Leute sich als Meister oder Manufacturiers etabliren dürfen, ist zu Beförderung der Geschicklichkeit der Arbeiter eine so nothwendige und wesentliche Sache, daß sie bey keiner Art der Verfassung oder Einrichtung dieser Nahrungsgeschäfte unterlassen werden

kann.

kann. Wenn die erste Einführung und Gründung der Manufacturen und Fabriken geschehen ist; als bey welcher eine so kurze Zeit des Erlernens zuzulassen ist, als sie nur durch Fleiß und Genie geschehen kann; so ist meines Erachtens die Lehrzeit bey leichten Manufacturen und Fabriken auf ein Jahr und bey den schweren auf zwey Jahr zu setzen. Die Gesetze müssen verordnen, daß binnen dieser Zeit der Meister seinen Lehrling wirklich unterrichtet, nicht aber denselben zu seinen Hausgeschäften gebrauchet, oder es darauf ankommen läßt, daß der Lehrling selbst alles absehen und gleichsam erstehlen muß. Wenn diese Lehrzeit verflossen ist; so muß der Lehrling einer genauen Prüfung unterworfen werden, die nicht von den Meistern des Handwerks, oder von den Manufacturiers, als bey welchen gemeiniglich allerley Nebenabsichten vorwalten, sondern von einer besondern Commission, die aus dem Manufacturinspector, dem Director oder Vorsteher einer Manufactur oder Fabrike, der von dieser Arbeit genugsame Kenntniß hat, dem Obermeister und ein paar geschickten andern Meistern bestehen muß. Bey dieser Prüfung muß nicht allein der Lehrling, so viel es sich an dem Ort der Commission thun läßt, selbst arbeiten, sondern er muß auch über die Kenntniß seiner Handthierung und über alle Umstände der Arbeiten genau befraget werden. Findet die Commission, daß der Lehrling schlecht unterrichtet ist; so muß sie denselben von diesem Meister wegnehmen und denselben einem andern Meister auf ein halb Jahr untergeben, den ersten Meister aber seines stipulirten Lehrgeldes verlustig erklären. Ist aber der Lehrling geschickt befunden worden; so wird ihm von der Commission das Zeugniß des Auslernens ertheilet; und es stehet ihm frey, ob er das veraccordirte Lehrgeld entrichten, oder bey seinem zeitherigen Lehrmeister in leichten Manufacturen und Fabriken noch zwey Jahr, in schweren aber noch drey oder vier Jahr bleiben und das Lehrgeld abarbeiten will. Vor eben einer solchen Commission ist auch die Prüfung derjenigen anzuordnen, die sich selbst als Manufacturiers oder Meister etabliren wollen; nur daß die Prüfung viel strenger und von allen erforderlichen Arbeiten, wie auch aller Kenntniß, die zu dem ganzen Umfange seiner Handthierung gehöret, geschehen muß. Weder bey der einen noch bey der andern Prüfung sind die geringsten Kosten, oder Geschenke, zuzulassen, sondern die Regierung muß den Mitgliedern dieser Commissionen kleine Besoldungen, oder andere Vortheile, angedeihen lassen. Nichts ist so ungereimt, als den Neuanfangenden ihr Etablissement durch die Kosten des Meisterrechts schwer zu machen und ihnen dasjenige Geld aus den Händen zu nehmen, das sie zum Anfange ihrer Handthierung so nöthig haben. Der schlechte Zustand des Nahrungsstandes in vielen Landen rühret

nebst

nebst andern Ursachen, auch aus dieser Quelle her. Die gesunde Vernunft lehret uns, daß der Staat, wenn er seinen wahren Vortheil verstehet, die Etablissements der Leute eher unterstützen und befördern, als gestatten soll, daß ihnen der Anfang durch tausenderley Unkosten schwer gemachet werden soll. Nichts als die Geschicklichkeit muß ein Recht haben, die Nahrungsgeschäfte zu treiben; und der ärmste Mann, wenn er nur die erforderliche Fähigkeit hat, muß in Ansehung der Erlaubniß sich zu nähren, so wenig Hinderniß finden, als der wohlhabendeste. Dieses erfordert nicht allein die Beförderung der Geschicklichkeit, die zu Erhaltung der Manufacturen und überhaupt zum Aufnehmen des Nahrungsstandes so nothwendig ist; sondern es ist solches auch der natürlichen Billigkeit gemäß; indem arme und reiche gleichmässig Unterthanen des Staats und Mitglieder des gemeinen Wesens sind, die ein gleiches Recht haben, sich zu nähren, weil sie an der gemeinschaftlichen Glückseligkeit, dem Endzwecke der Republiken, gleiches Recht und Anspruch haben. Alle andere Einrichtungen sind Polizeygebrechen, die fast in allen Staaten sehr viel und groß sind. Man siehet von selbst leicht ein, daß nach diesen Grundsätzen bey solchen Prüfungen weder auf die Beschaffenheit eines Meisters Sohnes, noch auf die Heirath mit eines Meisters Witwe oder Tochter, noch auf andre solche Umstände, welche die Zünfte unter andern ungeheuren Mißbräuchen eingeführet haben, der geringste Betracht gemacht werden muß. Hierher muß man auch die Einschränkung rechnen, welche die meisten Handwerker eingeführet haben, daß ein jeder Meister nur ein oder zwey Lehrlinge zu halten befugt ist. Das heißt die Frucht des Fleisses und der Geschicklichkeit sowohl, als die Erweiterung des Nahrungsgeschäftes, das dem Staate so nützlich ist, unterdrücken und nur darauf bedacht zu seyn, daß die ungeschickten und trägen Meister mit durch geschleppet werden, als worauf alle Verfassungen der Zünfte hinauslaufen (35).

Gute Landstrassen u. Bequemlichkeiten zur Schiffarth durch Schiffbarmachung der Ströme, durch Canäle und Häfen dienen sehr zu Erhaltung der Manufacturen.

Unter die Maaßregeln, die zu Erhaltung der Manufacturen und Fabriken erfordert werden, gehöret ferner, daß man die Hülfsmittel derselben immer mehr erleichtert. Auch hier findet das plus ultra statt. Wenn ein Land durch blühende Manufacturen reicher geworden ist und mithin die Einkünfte des Regenten selbst vermehret worden sind; so kann er von seinen vermehrten Einkünften keinen anständigern Gebrauch machen, als wenn er kostbare Werke zur Bequemlichkeit des Transportes der Waaren unternimmt. Hierher gehören schöne Landstrassen, die Schiffbarmachung der Ströme, gute Canäle und Schleusen, sichere und wohlbeschützte Häfen

(35) Viel gutes über diesen Gegenstand findet man in (Firnhaber) Betrachtung der Innungen und deren zweckmässigen Einrichtung. Hannov. 1782. 8. S. Physik. ökon. Biblioth. XII S. 506.

fen und dergleichen. Solche Werke legen nicht allein den Reichthum und die Pracht einer Nation auf die vernünftigste und nützlichste Art zu Tage, sondern sie sind zugleich eines der wirksamsten Mittel zu Erhaltung der Manufacturen und Fabriken. Der Manufacturier und Kaufmann erhalten dadurch einen wohlfeilern Transport. Sie sind daher im Stande ihre Waaren wohlfeiler zu verkaufen, sich auswärts den Debit zu erhalten und den miteifernden Nationen den Markt abzugewinnen.

Das wohlfeile Interesse ist gleichfalls ein gutes Hülfsmittel zu Erhaltung der Manufacturen.

Wenn es zu Erhaltung der Manufacturen gereichet, die Hülfsmittel derselben immer mehr zu erleichtern; so ist es gewiß eine hierzu dienliche Maaßregel, das Interesse von den Capitalien immer mehr zu erniedrigen. Diese Sache hat einen überaus grossen Einfluß in die Manufacturen. So wie ein hohes Interesse das Aufkommen der Manufacturen verhindert, oder den Verfall bereits blühender Manufacturen verursachen kann; weil eines Theils der Manufacturier, wenn er das Geld nicht anders als um hohe Zinsen haben kann, entweder nicht bestehen, oder welches fast einerley ist, den auswärtigen Debit verliehren wird; andern Theils aber sich vielweniger auf die Manufacturen und die Arbeitsamkeit befleissigen werden, wenn sie durch Ausleihung der Capitalien mehr gewinnen und bequemer leben können; so ist gewiß ein wohlfeiles Interesse eines

der

der wirksamsten Mittel das Aufkommen der Manufacturen zu befördern und ihren blühenden Zustand zu erhalten. Unter zwey Nationen, die sich sonst in gleichen Umständen befinden, wird diejenige allemal den meisten Debit an sich ziehen und in allen andern Umständen mehr gewinnen, welche das wohlfeileste Interesse hat. Nun pfleget zwar ein blühender Zustand der Manufacturen und Fabriken gemeiniglich auch ein niedriges Interesse nach sich zu ziehen. So wie ein blühender Zustand dieser Nahrungsgeschäfte auswärtigen Debit und folglich eine Vermehrung des in dem Lande circulirenden Geldes voraussetzet; so wird allemal die natürliche Folge davon seyn, wenn sonst keine grossen Fehler und Gebrechen im Staate vorwalten, daß das Interesse erniedriget wird. Allein die Regierung muß es bey diesem natürlichen Erfolge nicht bewenden lassen, sondern beständig eine ernstliche Aufmerksamkeit auf diese Sache richten. Nebst den erforderlichen Gesetzen wider den Wucher gehöret vornämlich hierher, daß sie wider alle Arten des Mißtrauens, die in dem Staate einreissen wollen, wachsam ist, weil diese am meisten die Circulation des Geldes hemmen und den hohen Preis der Capitalien verursachen. Vornämlich aber muß sie nicht zulassen, daß eine Art des Gewinnstes im Staate einreisse, bey welchem man mehr Vortheil ziehen kann, als bey der Arbeitsamkeit und bey Ausleihung der Capitalien. Wenn

der

der Staat Schulden hat; so verdienet es auch eine besondere Aufmerksamkeit, daß man kein höheres Interesse reiche, als es den Umständen des Landes gemäß ist und daß man durch den Handel mit den Schuldpapieren des Staats nicht zu viel gewinnen kann. Das Interesse, das der Staat giebt, ist gemeiniglich die Richtschnur für das Privatinteresse. Hier liesse sich ein Fehler von England zeigen, wenn es der Raum dieses ohnedem stark anwachsenden Buches gestattete. Gewisse Beschaffenheiten bey den Schulden des Staats verursachen, daß diejenigen, welche diese Schuldpapiere in Händen haben, ein ganz anderes Interesse haben, als der Landmann, der Manufacturier und der arbeitsame Theil des Volkes, so daß daraus fast zwey entgegengesetzte Partheyen entstanden sind, die viele nachtheilige Folgen haben können, wenn man nicht in Zeiten auf eine Abänderung bedacht ist.

Die Erhaltung des besondern Credits ist gleichfalls nothwendig.

Die schädlichste Art des Mißtrauens ist der Mangel des Credits. Wir haben zwar schon oben in dem zweyten Abschnitte den Zusammenhang desselben mit den Manufacturen und Fabriken gezeiget. Allein diese Sache ist zu Erhaltung dieser Nahrungsgeschäfte so nothwendig, daß wir sie hier insbesondere erwähnen müssen. So bald der besondere Credit im Lande verfällt; so bald werden auch die Manufacturen und Fabriken sich ihrem Verfall nähern.

Die Erhöhung des Interesse wird nicht allein die Folge aus dem Mangel des Credits seyn, sondern die Manufacturiers, davon die wenigsten im Stande sind, diejenigen Sicherheiten zu geben, die man bey dem Mangel des Credits erfordert, werden in die Verlegenheit gesetzet werden, gar kein Geld erlangen zu können. Ein Staat, der seine Manufacturen aufrecht erhalten will, muß demnach insonderheit auf weise und wirksame Gesetze zu Erhaltung des Credits bedacht seyn; und diese Gesetze müssen in genaue Erfüllung gesetzet werden.

Manufacturgerichte gereichen zur Erhaltung der Manufacturen.

Man kann schwerlich den Credit aufrecht erhalten, wenn nicht besondere Commercien- und Manufacturgerichte im Lande angeordnet werden. Die Streitigkeiten in Handlungs- und Manufactursachen erfordern insonderheit eine schleunige Entscheidung. Langwierige Processe und die dazu erforderlichen Kosten sind schon an sich selbst schädlich; und sie sind es noch mehr bey Kaufleuten und Manufacturiers, deren Credit und Aufrechthaltung öfters darauf ankommt, daß sich ihre Gegner und Schuldner nicht mit der Chicane eines langwierigen Processes gegen offenbar gerechte Forderungen schützen können. Die Processe zwischen Kaufleuten und Manufacturiers müssen demnach auf die allerkürzeste Art und gleichsam stehenden Fusses geschlichtet werden; wie denn die Leipziger Handelsgerichte, die hierin andern zum

Muster dienen können, wirklich eine solche Beschaffenheit haben. Allein, wenn man überhaupt im ganzen Lande eine so sehr abgekürzte Art des gerichtlichen Verfahrens einführen wollte; so würde solches in Ansehung derjenigen Einwohner, die keine Kaufleute oder Manufacturiers sind, allzustrenge und tumultuarisch ausfallen. Man kann dieses als einen Fehler von den englischen Gesetzen bemerken. Sie sind sehr gut in allen Handelssachen. Allein da man sie allgemein gemacht und die ganze Nation für nichts als Kaufleute angesehen hat; so sind sie in vielen Dingen allzustrenge und übereilt, so daß viele Leute dabey ohne Noth zu Grunde gerichtet werden. So sehr ich die Langwierigkeit der Processe hasse und solche für eines der größten Uebel in dem Staate halte: so bin ich doch zweifelhaft, ob nicht ein allzu tumultuarisches gerichtliches Verfahren ein eben so grosses Uebel ist. Der Sache kann demnach nicht besser abgeholfen werden, als durch besondere Handels- und Manufacturgerichte; und man kann behaupten, daß sie ein grosses zu Aufrechthaltung der Manufacturen und Fabriken beytragen. Unterdessen halte ich dergleichen Gerichte nicht gleich Anfangs bey Einführung und Gründung der Manufacturen und Fabriken nöthig, sondern ich glaube, daß sie nur erst bey dem blühenden Zustande derselben nöthig und mithin mehr ein Mittel ihrer Aufrechthaltung, als ihrer Gründung sind. Bey Einfühführung der Manufacturen muß man aus den oben hin und wieder angeführten Gründen mehr als jemals auf die Aufrechthaltung der Manufacturiers sehen, und auf alle Art verhüten, daß sie nicht über den Haufen geworfen werden. Man kann also nicht allemal mit ihnen nach der Strenge des Rechtes verfahren; und der Staat kann dieses auch wegen der Unterstützung, die er ihnen angedeihen läßt, nicht geschehen lassen. Ob nun zwar die Manufacturiers gleich Anfangs von der ordentlichen Gerichtsbarkeit auszunehmen sind; so kann man doch ihnen noch keine besondern Gesetze und Gerichte geben, sondern ihre Streitigkeiten und die Ansprüche, die andere an sie machen, sind durch eine besondere Commission zu entscheiden, deren weislich eingerichtete Instruction im Hauptwerke auf die Conservation der Manufacturiers gehen muß. Ueberdies da dergleichen Manufacturgerichte unumgänglich erfordern, daß selbst Manufacturiers Beysitzer von diesen Gerichten sind, weil eine richtige Entscheidung dieser Streitigkeiten schwerlich geschehen kann, ohne eine genaue Kenntniß von dem ganzen Wesen und der Beschaffenheit dieser Nahrungsgeschäfte zu haben, so würden deucht mich allerley Unbequemlichkeiten daraus entstehen, wenn in einer Stadt nur erst sehr wenige Manufacturiers und Fabrikanten vorhanden wären, und man wollte dennoch sofort besondere Manufacturgerichte einrichten. Diese wenigen Manufacturiers würden entweder alle Beysitzer des Gerichts werden, und alsdenn würde dieses Judicium in Ansehung der unter ihnen entstehenden Streitigkeiten ganz unnütze seyn, oder wenn man nur ein paar der ältesten zu Beysitzern nehmen wollte; so würden diese dadurch um so eher Gelegenheit haben, den oben berührten gewöhnlichen Neid und Verfolgung gegen die neuanfangenden Fabrikanten mit mehrerem Nachdruck auszuüben. Mich deucht ich habe diese Umstände bey anfangenden Manufacturen und den frühzeitig errichteten Manufacturgerichten in der That bemerket. Diese Gerichte sind also keine Sache, die bey der ersten Gründung der Manufacturen statt finden kann. Allein alle diese Umstände fallen weg, wenn die Manufacturen bereits in einem blühenden Zustande sind; und alsdenn sind sie ein nothwendiges Mittel ihrer Erhaltung. Wenn diese Gerichte den abgezielten Endzweck bewirken sollen; so müssen in einer jeden Stadt, wo blühende Commercien und Manufacturen sind, zwey dergleichen Judicia angeordnet werden, nämlich ein oberes und unteres; und jedes muß aus einigen geschickten Rechtsgelehrten sowohl, als aus einigen erfahrnen Kaufleuten und Manufacturiers bestehen. Aus dem unteren ergehen die Appellationen an das obere Handelsgericht. Denn wenn die Appellationen an die ordentlichen höhern Landes-Judicia ergehen sollten; so würde der Endzweck dieser Gerichte nur zur Hälfte erreichet werden. In Leipzig ist die Einrichtung wirklich also beschaffen; und es ist nur erlaubt bey einer gewissen Summe und besondern Umständen von dem Oberhandelsgerichte weiter an die Landesregierung nach Dresden zu appelliren.

Endlich gehöret auch der Flor der Landwirthschaft zu Erhaltung der Manufacturen, und die letztern müssen nie auf Kosten der ersten unterstützet werden.

Endlich muß ich noch erinnern, daß je vollkommener die Uebereinstimmung und der Zusammenhang aller Theile des Staatskörpers ist, desto unveränderlicher wird der blühende Zustand der Manufacturen und Fabriken seyn und desto weniger Verfall haben sie zu befürchten. Der Verfall derselben entstehet lediglich aus dem üblen Verhältniß der Einrichtungen des Staats gegen die Manufacturen und aus andern Fehlern, Gebrechen und Unordnungen des gemeinen Wesens. Hauptsächlich aber ist der gute Zusammenhang der Landwirthschaft mit den Manufacturen und Fabriken nöthig dergestalt, daß man einen blühenden Zustand der Manufacturen und hauptsächlich die beständige Dauer und Erhaltung derselben ohne den Flor der Landwirthschaft gar nicht erwarten kann. Der geringste Verfall in der Landwirthschaft erstrecket auch seinen Einfluß in die Manufacturen und Fabriken; und man muß sich demnach sehr hüten die Manufacturen auf Kosten der Landwirthschaft zu unterstützen, oder je ein Beförderungs- und Erhaltungsmittel für dieselben zu erwählen, was der Landwirthschaft zum Nachtheil

gerei-

gereichen kann. In diesem Betracht verdienet hier dasjenige eine Erläuterung, was wir oben hin und wieder von dem Verbot der Ausfuhr der rohen Materialien gesagt haben. Wenn diese Maaßregel anzurathen ist; so ist es nur bey der Einführung und Gründung der Manufacturen; und dennoch muß solches mit verschiedenen Einschränkungen und Vorsichten geschehen, die oben berühret worden sind. Allein wenn die Manufacturen bereits in Flor stehen und es nur auf deren Aufrechthaltung ankommt; so ist dieses Mittel ungleich weniger anzurathen; wenigstens muß dieses Verbot nicht ohne sehr grosse Ueberlegungen geschehen. So bald die Landwirthschaft eine Art der rohen Materialien in grösserer Menge erzeuget, als die Landesmanufacturen und Fabriken verbrauchen können; so unterstützet man die Manufacturen auf Kosten der Landwirthschaft. Man verhindert den Landmann allen Nutzen aus seinen Producten zu ziehen, den er daraus haben könnte, und man benimmt ihm also nicht allein die Anreizung den Flor der Landwirthschaft zu erhalten oder höher zu treiben, sondern man verhindert auch dadurch einen mehrern Einfluß des Geldes und mithin die Bereicherung des Staats, die allemal von überaus grosser Wichtigkeit ist. Wenn die Manufacturen und Fabriken erst im Lande eingeführet und gegründet werden sollen; so ist dieses Verbot zuweilen nöthig. Es ist solches ein Opfer, welches die Landwirthschaft den Manufacturen thun muß. Denn da dieses Verbot natürlicher Weise einen sehr wohlfeilen Preis dieser in Menge vorhandenen rohen Materialien nach sich ziehen muß; so werden die Manufacturen desto eher bestehen und wachsen können. Allein es ist nicht einmal rathsam, daß dieses Verbot lange dauret; und die Maaßregeln zur Gründung und Flor der Manufacturen müssen so wohl und gerecht erwählet und ausgeführet werden, daß keine lange Zeit dabey versplittert wird. Sonst würden die Manufacturen selbst den Vortheil verliehren, den sie daraus ziehen. So bald der Preis dieser rohen Materialien so stark und anhaltend fällt, daß die Landleute weiter ihre Rechnung nicht dabey finden; so werden sie solche gar bald in geringerer Quantität erzeugen und der Preis wird mithin wieder auf den Fuß kommen, als er vor dem Verbot gewesen ist. Man siehet also, daß dieses Verbot nur ein zeitiges Hülfsmittel ist, das nach guten Grundsätzen nicht lange dauren kann, weil es gar bald schädlich wird. Es ist aber auch weiter gänzlich unnöthig, so bald die Manufacturen und Fabriken in einigen Flor gelanget sind. Alles, was zum Vortheil der Landesmanufacturen nöthig ist, kommt darauf an, daß diese rohen Materialien bey der Ausfuhr mit einigen Zöllen beschweret werden. Wenn diese Zölle nur sechs bis sieben pro Cent betragen und man voraussetzet, daß die Kosten der Fracht, der Commis-

sion

sion und dergleichen, welche die Ausländer zu bestreiten haben, wenigstens eben so viel ausmachen; so werden unsere Landesmanufacturen dennoch allemal den Vorzug in dem Debit vor den Ausländern behaupten. Denn wenn ihnen die Materialien zwölf bis funfzehn pro Cent theurer zu stehen kommen; so ist es ausser einer ganz besondern Ungleichheit andrer Umstände nicht möglich, daß sie mit uns gleichen Preis in Verkauf ihrer Waaren halten können. Nachdem wir nunmehr alles beygebracht haben, was zu den allgemeinen Grundsätzen und Betrachtungen der Manufacturen und Fabriken erforderlich ist, so wollen wir hiermit diese erste Abtheilung unseres Buches beschliessen.

Register.

Die Römerzahlen I. II. unterscheiden beyde Theile von einander. Die kleinen zeigen die Seitenzahlen an, und Sternchen die Anmerkungen.

A.

Register.

Ar-

Register.

Baum-

Register.

Burail,

Däne-

Drath,

G.

Grün-

J.

L.

Leinen-

M.

Manu=

Manu-

Mous-

N.

Plüsch=

Preus-

S.

Sal=

Städ-

Subli-

Teut-

Register.

Tuch-

W.

Walke,

Zie=

Ver-

Verbesserungen
zum andern Theile.

S. 9 letzte Zeile ließ: **des Hrn. Pallas.**
— 50 in der Anmerkung ließ **Wegelin.**
— 176 in der Anmerkung ließ **Dreget** stat **Dregel.**
— 214 - - — ließ *syriaca* stat agriaca.
— 237 - - — ließ **Halbmetall** stat **Gelbmetall.**
— 261. Die daselbst zuletzt angezeigte Mailändische Erfindung, nur die eine Seite der Fäden zu vergolden, soll jetzt nicht mehr genutzt werden, wie H. Baron **von Riesch** in seiner Reise **I** S. 148 meldet.
— 307 ließ **Marit** stat **Merit.**
— 521 Anmerkung Z. 1 ließ: 1766.
— 539 in der Anmerk. stat **Abfallfarbe** ließ: einerley Abfall oder einerley Grad oder immer gleiche Intensitet der blauen Farbe.
— 540 in der Anmerkung Z. 1 ließ: **wohl jetzt das einzige.**

Nachricht an den Buchbinder.

Anstatt des Registers, Rr - Tt, wird das, dem 1sten Theil angeschossene, mit a - d bezeichnete, dem 2ten Theil angeheftet.

FSC
www.fsc.org
MIX
Papier | Fördert gute Waldnutzung
FSC® C083411

Zeitfracht Medien GmbH
Ferdinand-Jühlke-Straße 7
99095 Erfurt, Deutschland
produktsicherheit@kolibri360.de